U0197963

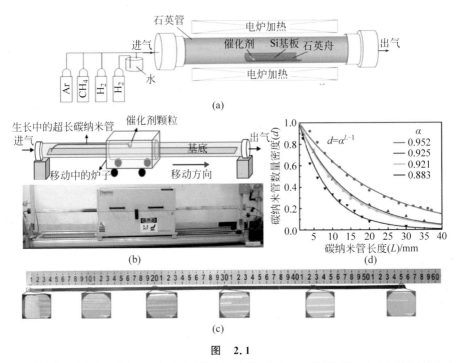

图　2.1

（a）管式炉制备超长碳纳米管；（b）"移动恒温区"法制备米级超长碳纳米管装置；（c）制得的长达 550 mm 超长碳纳米管样品[39]；（d）超长碳纳米管长度与数量密度关系

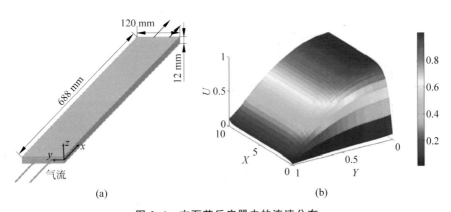

图 2.6　方石英反应器内的流速分布

（a）计算建模用反应器结构模型；（b）在 Matlab 8.0 上用有限元法计算的流速分布

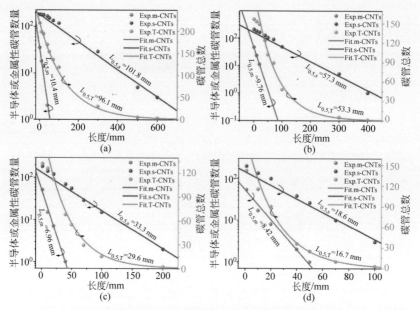

图 4.3 不同导电特性的碳纳米管数量随长度的分布

（a）衰变系数为 0.007 21 的碳纳米管数量衰变变化关系；（b）衰变系数为 0.013 的碳纳米管数量衰变变化关系；（c）衰变系数为 0.0234 的碳纳米管数量衰变变化关系；（d）衰变系数为 0.0415 的碳纳米管数量衰变变化关系。

Exp. 代表实验值，Fit. 代表拟合值，m 表述金属性碳纳米管，s 表示半导体性碳纳米管，T 表示碳纳米管总体

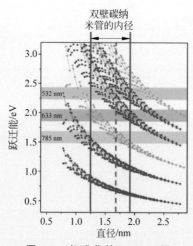

图 4.7 标准化的 Kataura 图

橘色和紫色的图标分别代表金属性和半导体性碳纳米管的跃迁能，矩形阴影表示所用的激光激发能，垂直线表示所制备的双壁碳纳米管内径，虚线表示主要的内径分布

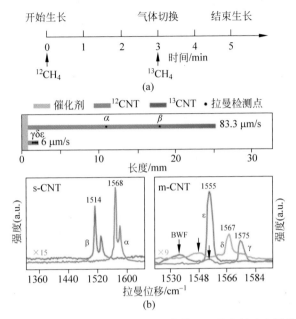

图 4.10 同位素切换制备异质形碳纳米管流程及生长速度测试方法

（a）同位素切换制备异质形碳纳米管的流程示意图；（b）上图为同位素切换法测量碳纳米管生长速度示意图，下图左右分别为较长和较短的两根碳纳米管在同位素切换前后的拉曼 G 峰

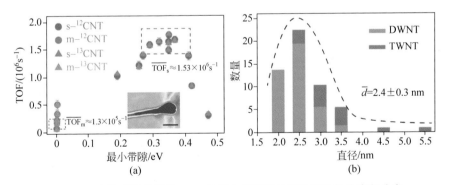

图 4.11 少壁碳纳米管的 TOF 与最小带隙的关系及较长部分直径分布

（a）少壁碳纳米管同轴各管层的最小带隙（目标层）和目标层的 TOF 变化关系，误差源于转变点位置的不确定性。内图为一根长碳纳米管的头部 AFM 图像，说明碳纳米管是顶部生长模式，比例尺为 10 nm；（b）长度超过 154 mm 的碳纳米管的直径分布

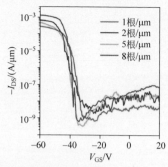

图 4.12　重复生长的碳纳米管阵列(长度超过 154 mm 的部分)晶体管器件转移特性曲线

器件结构为插指型晶体管,源-漏电压为-0.1 V,横坐标为源极和栅极间电压,纵坐标为源极和漏极间电流

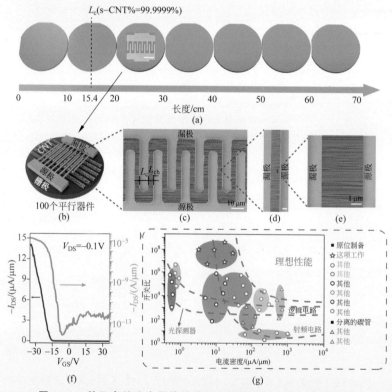

图 4.13　基于高纯度半导体性碳纳米管阵列制作的晶体管器件

(a) 超纯半导体性碳纳米管阵列的制备方法示意图。左边晶圆上黄色部分代表包含较高含量的金属性碳纳米管,含量由黄色的对比度体现,在临界长度位置 $L_c=154$ mm,半导体性碳纳米管纯度将达到 99.9999%,内图为插指器件的光学显微镜图像,比例尺为 40 μm;(b) 插指器件结构示意图,沟道长度 $L_{ch}=4$ μm,接触长度 $L_c=8$ μm;(c)~(e) 器件的逐级放大 SEM 图像,(d)中比例尺为 2 μm;(f) 宽度标准化后的单沟道晶体管器件转移特性曲线,源-漏电压为-0.1 V;(g) 器件性能与文献中报道值比较,假设单根碳纳米管饱和态电流为 10 mA,横纵坐标为将 IBM 所提出的碳纳米管密度和半导体纯度指标转化为可测量的电流密度和开关比

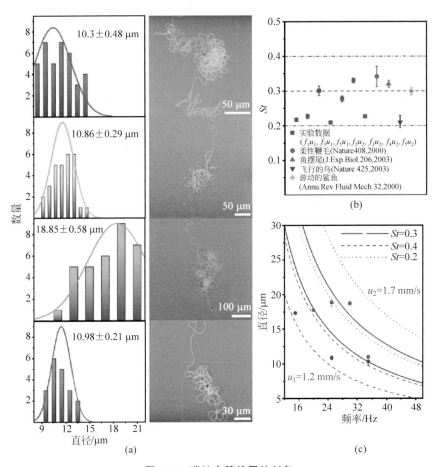

图 5.6　碳纳米管线团的制备

(a) 不同条件下制备的碳纳米管线团及其次级圆环直径分布统计,从上至下的反应条件:$f=35\ \text{Hz},u=1.2\ \text{mm/s}$;$f=25\ \text{Hz},u=1.2\ \text{mm/s}$;$f=25\ \text{Hz},u=1.7\ \text{mm/s}$;$f=35\ \text{Hz},u=1.7\ \text{mm/s}$;(b) 不同条件下制备的碳纳米管线团和自然界生物的 St 数比较,实验数据中,f_1 到 f_5 为 15~35 Hz 依次间隔 5 Hz,$u_1=1.2\ \text{mm/s},u_2=1.7\ \text{mm/s}$;(c) 声波频率与碳纳米管线团次级圆环直径控制曲线,蓝色线表示反应气速为 1.2 mm/s,红色线表示反应气速为 1.7 mm/s

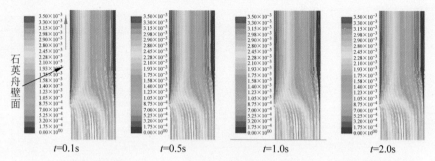

图 5.9　关联系统以 3.5 mm/s 速度与气流相同方向移动时反应器内流场变化

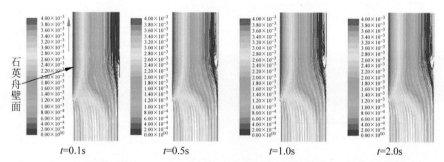

图 5.10　关联系统以 4 mm/s 速度与气流相同方向移动时反应器内流场变化

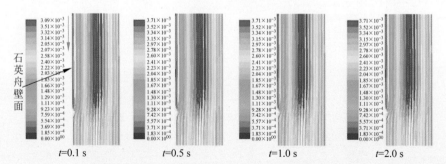

图 5.11　关联系统以 1mm/s 速度与气流相反方向移动时反应器内流场变化

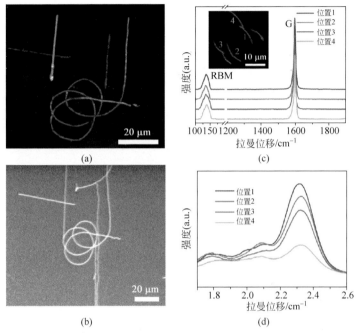

图 5.14　单色碳纳米管线团的表征

（a），（b）同一碳纳米管线团的瑞利散射和扫描电镜图像；（c）碳纳米管线团不同位置处的拉曼光谱；（d）碳纳米管线团不同位置处的瑞利光谱

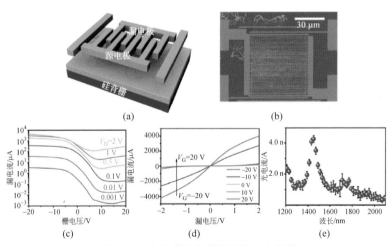

图 5.15　单色碳纳米管线团的光电性质

（a）碳纳米管线团的插指晶体管器件结构示意图；（b）晶体管器件的 SEM 表征图像；（c）不同漏电压下碳纳米管线团器件的转移特性曲线；（d）不同栅压下的碳纳米管线团器件的输出特性曲线；（e）碳纳米管器件的光导谱

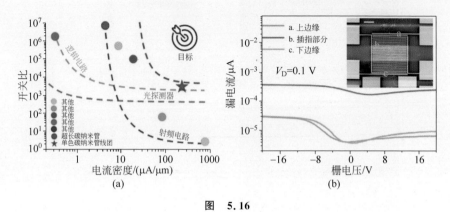

图 5.16

（a）碳纳米管器件应用标准与不同类型碳纳米管性能比较，所示标准为将 IBM 所提的碳管密度和半导体纯度指标转化为电学可测量值，分别对应电流密度和开关比，这里假设碳管开态电流为 10 μA；（b）金属性碳纳米管线团晶体管器件的转移特性曲线，内图为器件的 SEM 图

比例尺为 50 μm

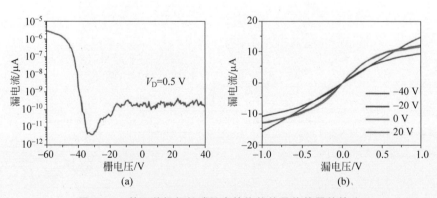

图 5.17　基于单根超长碳纳米管构筑的晶体管器件转移
（a）和输出（b）特性曲线

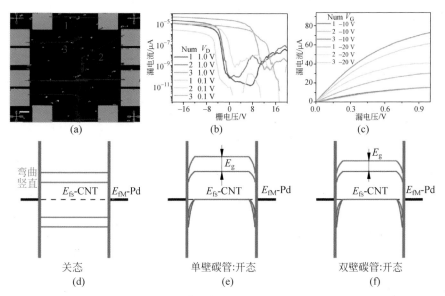

图 5.18　波浪形碳纳米管的电学性能与行为分析

（a）电学器件结构,比例尺为 $50~\mu m$；（b）,（c）不同节数碳纳米管的转移和输出特性曲线；

（d）～（f）器件的能带示意图

E_{fs} 为费米能级,E_g 为弯曲和竖直碳纳米管的导带能量差

清华大学优秀博士学位论文丛书

晶圆级半导体性超长碳纳米管的进化生长与组装

朱振兴（Zhu Zhenxing）著

Evolutionary Growth and Assembly
of Semiconducting Ultralong Carbon Nanotubes
on a Wafer Scale

清华大学出版社
北京

内 容 简 介

本书全面系统地介绍了晶圆级高纯度超长碳纳米管的制备工艺、生长原理及其在碳基电子器件方面的应用方法,建立了纳米催化过程的传质双球模型并成功用于指导晶圆级碳纳米管的可控制备,介绍了高纯度半导体性碳纳米管的进化生长与纯化策略及采用原位方法实现超长碳纳米管的组装与操纵,以此发展高性能电子器件,并对超长碳纳米管在碳基电子领域的应用提出展望。

本书可供纳米科技、电子学、化学工程与技术、材料科学与工程等领域的高校师生和科研院所研究人员及相关技术人员阅读参考。

图书在版编目(CIP)数据

晶圆级半导体性超长碳纳米管的进化生长与组装/朱振兴著.—北京:清华大学出版社,2024.4
(清华大学优秀博士学位论文丛书)
ISBN 978-7-302-65885-6

Ⅰ.①晶… Ⅱ.①朱… Ⅲ.①碳-纳米材料-半导体材料-研究 Ⅳ.①TB383

中国国家版本馆 CIP 数据核字(2024)第 064931 号

责任编辑:孙亚楠
封面设计:傅瑞学
责任校对:欧 洋
责任印制:沈 露

出版发行:清华大学出版社
    网　　址:https://www.tup.com.cn,https://www.wqxuetang.com
    地　　址:北京清华大学学研大厦 A 座　　　　邮　　编:100084
    社 总 机:010-83470000　　　　　　　　　邮　　购:010-62786544
    投稿与读者服务:010-62776969,c-service@tup.tsinghua.edu.cn
    质量反馈:010-62772015,zhiliang@tup.tsinghua.edu.cn
印 装 者:三河市东方印刷有限公司
经　　销:全国新华书店
开　　本:155mm×235mm　　印　张:9.5　　插　页:5　　字　数:170 千字
版　　次:2024 年 5 月第 1 版　　　　　　　印　次:2024 年 5 月第 1 次印刷
定　　价:89.00 元

产品编号:092288-01

一流博士生教育
体现一流大学人才培养的高度（代丛书序）①

人才培养是大学的根本任务。只有培养出一流人才的高校，才能够成为世界一流大学。本科教育是培养一流人才最重要的基础，是一流大学的底色，体现了学校的传统和特色。博士生教育是学历教育的最高层次，体现出一所大学人才培养的高度，代表着一个国家的人才培养水平。清华大学正在全面推进综合改革，深化教育教学改革，探索建立完善的博士生选拔培养机制，不断提升博士生培养质量。

学术精神的培养是博士生教育的根本

学术精神是大学精神的重要组成部分，是学者与学术群体在学术活动中坚守的价值准则。大学对学术精神的追求，反映了一所大学对学术的重视、对真理的热爱和对功利性目标的摒弃。博士生教育要培养有志于追求学术的人，其根本在于学术精神的培养。

无论古今中外，博士这一称号都和学问、学术紧密联系在一起，和知识探索密切相关。我国的博士一词起源于 2000 多年前的战国时期，是一种学官名。博士任职者负责保管文献档案、编撰著述，须知识渊博并负有传授学问的职责。东汉学者应劭在《汉官仪》中写道："博者，通博古今；士者，辩于然否。"后来，人们逐渐把精通某种职业的专门人才称为博士。博士作为一种学位，最早产生于 12 世纪，最初它是加入教师行会的一种资格证书。19 世纪初，德国柏林大学成立，其哲学院取代了以往神学院在大学中的地位，在大学发展的历史上首次产生了由哲学院授予的哲学博士学位，并赋予了哲学博士深层次的教育内涵，即推崇学术自由、创造新知识。哲学博士的设立标志着现代博士生教育的开端，博士则被定义为独立从事学术研究、具备创造新知识能力的人，是学术精神的传承者和光大者。

---

① 本文首发于《光明日报》，2017 年 12 月 5 日。

博士生学习期间是培养学术精神最重要的阶段。博士生需要接受严谨的学术训练，开展深入的学术研究，并通过发表学术论文、参与学术活动及博士论文答辩等环节，证明自身的学术能力。更重要的是，博士生要培养学术志趣，把对学术的热爱融入生命之中，把捍卫真理作为毕生的追求。博士生更要学会如何面对干扰和诱惑，远离功利，保持安静、从容的心态。学术精神，特别是其中所蕴含的科学理性精神、学术奉献精神，不仅对博士生未来的学术事业至关重要，对博士生一生的发展都大有裨益。

独创性和批判性思维是博士生最重要的素质

博士生需要具备很多素质，包括逻辑推理、言语表达、沟通协作等，但是最重要的素质是独创性和批判性思维。

学术重视传承，但更看重突破和创新。博士生作为学术事业的后备力量，要立志于追求独创性。独创意味着独立和创造，没有独立精神，往往很难产生创造性的成果。1929 年 6 月 3 日，在清华大学国学院导师王国维逝世二周年之际，国学院师生为纪念这位杰出的学者，募款修造"海宁王静安先生纪念碑"，同为国学院导师的陈寅恪先生撰写了碑铭，其中写道："先生之著述，或有时而不章；先生之学说，或有时而可商；惟此独立之精神，自由之思想，历千万祀，与天壤而同久，共三光而永光。"这是对于一位学者的极高评价。中国著名的史学家、文学家司马迁所讲的"究天人之际，通古今之变，成一家之言"也是强调要在古今贯通中形成自己独立的见解，并努力达到新的高度。博士生应该以"独立之精神、自由之思想"来要求自己，不断创造新的学术成果。

诺贝尔物理学奖获得者杨振宁先生曾在 20 世纪 80 年代初对到访纽约州立大学石溪分校的 90 多名中国学生、学者提出："独创性是科学工作者最重要的素质。"杨先生主张做研究的人一定要有独创的精神、独到的见解和独立研究的能力。在科技如此发达的今天，学术上的独创性变得越来越难，也愈加珍贵和重要。博士生要树立敢为天下先的志向，在独创性上下功夫，勇于挑战最前沿的科学问题。

批判性思维是一种遵循逻辑规则、不断质疑和反省的思维方式，具有批判性思维的人勇于挑战自己，敢于挑战权威。批判性思维的缺乏往往被认为是中国学生特有的弱项，也是我们在博士生培养方面存在的一个普遍问题。2001 年，美国卡内基基金会开展了一项"卡内基博士生教育创新计划"，针对博士生教育进行调研，并发布了研究报告。该报告指出：在美国和欧洲,培养学生保持批判而质疑的眼光看待自己、同行和导师的观点同样非常不容易,批判性思维的培养必须成为博士生培养项目的组成部分。

对于博士生而言,批判性思维的养成要从如何面对权威开始。为了鼓励学生质疑学术权威、挑战现有学术范式,培养学生的挑战精神和创新能力,清华大学在2013年发起"巅峰对话",由学生自主邀请各学科领域具有国际影响力的学术大师与清华学生同台对话。该活动迄今已经举办了21期,先后邀请17位诺贝尔奖、3位图灵奖、1位菲尔兹奖获得者参与对话。诺贝尔化学奖得主巴里·夏普莱斯(Barry Sharpless)在2013年11月来清华参加"巅峰对话"时,对于清华学生的质疑精神印象深刻。他在接受媒体采访时谈道:"清华的学生无所畏惧,请原谅我的措辞,但他们真的很有胆量。"这是我听到的对清华学生的最高评价,博士生就应该具备这样的勇气和能力。培养批判性思维更难的一层是要有勇气不断否定自己,有一种不断超越自己的精神。爱因斯坦说:"在真理的认识方面,任何以权威自居的人,必将在上帝的嬉笑中垮台。"这句名言应该成为每一位从事学术研究的博士生的箴言。

提高博士生培养质量有赖于构建全方位的博士生教育体系

一流的博士生教育要有一流的教育理念,需要构建全方位的教育体系,把教育理念落实到博士生培养的各个环节中。

在博士生选拔方面,不能简单按考分录取,而是要侧重评价学术志趣和创新潜力。知识结构固然重要,但学术志趣和创新潜力更关键,考分不能完全反映学生的学术潜质。清华大学在经过多年试点探索的基础上,于2016年开始全面实行博士生招生"申请-审核"制,从原来的按照考试分数招收博士生,转变为按科研创新能力、专业学术潜质招收,并给予院系、学科、导师更大的自主权。《清华大学"申请-审核"制实施办法》明晰了导师和院系在考核、遴选和推荐上的权力和职责,同时确定了规范的流程及监管要求。

在博士生指导教师资格确认方面,不能论资排辈,要更看重教师的学术活力及研究工作的前沿性。博士生教育质量的提升关键在于教师,要让更多、更优秀的教师参与到博士生教育中来。清华大学从2009年开始探索将博士生导师评定权下放到各学位评定分委员会,允许评聘一部分优秀副教授担任博士生导师。近年来,学校在推进教师人事制度改革过程中,明确教研系列助理教授可以独立指导博士生,让富有创造活力的青年教师指导优秀的青年学生,师生相互促进、共同成长。

　　在促进博士生交流方面,要努力突破学科领域的界限,注重搭建跨学科的平台。跨学科交流是激发博士生学术创造力的重要途径,博士生要努力提升在交叉学科领域开展科研工作的能力。清华大学于2014年创办了"微沙龙"平台,同学们可以通过微信平台随时发布学术话题,寻觅学术伙伴。3年来,博士生参与和发起"微沙龙"12 000多场,参与博士生达38 000多人次。"微沙龙"促进了不同学科学生之间的思想碰撞,激发了同学们的学术志趣。清华于2002年创办了博士生论坛,论坛由同学自己组织,师生共同参与。博士生论坛持续举办了500期,开展了18 000多场学术报告,切实起到了师生互动、教学相长、学科交融、促进交流的作用。学校积极资助博士生到世界一流大学开展交流与合作研究,超过60%的博士生有海外访学经历。清华于2011年设立了发展中国家博士生项目,鼓励学生到发展中国家亲身体验和调研,在全球化背景下研究发展中国家的各类问题。

　　在博士学位评定方面,权力要进一步下放,学术判断应该由各领域的学者来负责。院系二级学术单位应该在评定博士论文水平上拥有更多的权力,也应担负更多的责任。清华大学从2015年开始把学位论文的评审职责授权给各学位评定分委员会,学位论文质量和学位评审过程主要由各学位分委员会进行把关,校学位委员会负责学位管理整体工作,负责制度建设和争议事项处理。

　　全面提高人才培养能力是建设世界一流大学的核心。博士生培养质量的提升是大学办学质量提升的重要标志。我们要高度重视、充分发挥博士生教育的战略性、引领性作用,面向世界、勇于进取,树立自信、保持特色,不断推动一流大学的人才培养迈向新的高度。

邱勇

清华大学校长

2017年12月

丛书序二

以学术型人才培养为主的博士生教育,肩负着培养具有国际竞争力的高层次学术创新人才的重任,是国家发展战略的重要组成部分,是清华大学人才培养的重中之重。

作为首批设立研究生院的高校,清华大学自 20 世纪 80 年代初开始,立足国家和社会需要,结合校内实际情况,不断推动博士生教育改革。为了提供适宜博士生成长的学术环境,我校一方面不断地营造浓厚的学术氛围,一方面大力推动培养模式创新探索。我校从多年前就已开始运行一系列博士生培养专项基金和特色项目,激励博士生潜心学术、锐意创新,拓宽博士生的国际视野,倡导跨学科研究与交流,不断提升博士生培养质量。

博士生是最具创造力的学术研究新生力量,思维活跃,求真求实。他们在导师的指导下进入本领域研究前沿,吸取本领域最新的研究成果,拓宽人类的认知边界,不断取得创新性成果。这套优秀博士学位论文丛书,不仅是我校博士生研究工作前沿成果的体现,也是我校博士生学术精神传承和光大的体现。

这套丛书的每一篇论文均来自学校新近每年评选的校级优秀博士学位论文。为了鼓励创新,激励优秀的博士生脱颖而出,同时激励导师悉心指导,我校评选校级优秀博士学位论文已有 20 多年。评选出的优秀博士学位论文代表了我校各学科最优秀的博士学位论文的水平。为了传播优秀的博士学位论文成果,更好地推动学术交流与学科建设,促进博士生未来发展和成长,清华大学研究生院与清华大学出版社合作出版这些优秀的博士学位论文。

感谢清华大学出版社,悉心地为每位作者提供专业、细致的写作和出版指导,使这些博士论文以专著方式呈现在读者面前,促进了这些最新的优秀研究成果的快速广泛传播。相信本套丛书的出版可以为国内外各相关领域或交叉领域的在读研究生和科研人员提供有益的参考,为相关学科领域的发展和优秀科研成果的转化起到积极的推动作用。

　　感谢丛书作者的导师们。这些优秀的博士学位论文,从选题、研究到成文,离不开导师的精心指导。我校优秀的师生导学传统,成就了一项项优秀的研究成果,成就了一大批青年学者,也成就了清华的学术研究。感谢导师们为每篇论文精心撰写序言,帮助读者更好地理解论文。

　　感谢丛书的作者们。他们优秀的学术成果,连同鲜活的思想、创新的精神、严谨的学风,都为致力于学术研究的后来者树立了榜样。他们本着精益求精的精神,对论文进行了细致的修改完善,使之在具备科学性、前沿性的同时,更具系统性和可读性。

　　这套丛书涵盖清华众多学科,从论文的选题能够感受到作者们积极参与国家重大战略、社会发展问题、新兴产业创新等的研究热情,能够感受到作者们的国际视野和人文情怀。相信这些年轻作者们勇于承担学术创新重任的社会责任感能够感染和带动越来越多的博士生,将论文书写在祖国的大地上。

　　祝愿丛书的作者们、读者们和所有从事学术研究的同行们在未来的道路上坚持梦想,百折不挠! 在服务国家、奉献社会和造福人类的事业中不断创新,做新时代的引领者。

　　相信每一位读者在阅读这一本本学术著作的时候,在吸取学术创新成果、享受学术之美的同时,能够将其中所蕴含的科学理性精神和学术奉献精神传播和发扬出去。

清华大学研究生院院长

2018 年 1 月 5 日

前　言

　　海量信息的高效采集和处理技术是建设科技强国的核心。量子计算利用量子力学中的叠加态和量子纠缠对信息进行存储和处理,具有传统计算无法比拟的超强计算能力,在大数据、云计算、机器学习、基因设计等领域具有广泛的应用前景,这推动了开发专门的、节能的电子硬件的需求,是多国政府和高科技公司竞相投资的研究领域。尽管很多科技公司、科研院所陆续开发类脑与专用计算芯片,尝试从硬件架构层面提升性能,然而硅基电子芯片的能效和算力仍然受制于数字电路的本征瓶颈。随着电子晶体管的尺寸逐渐逼近量子隧穿效应的物理极限,单位面积能够集成的晶体管数目增长缓慢,数字电路工作频率停滞在 GHz,摩尔定律不再保持之前的增速,这些都意味着传统电子计算的性能和能效增长已经难以满足智能应用需求的指数增长。因此迫切需要开发新的材料平台工程并探索与之匹配的器件架构。特别是随着 5G 的到来,终端设备对半导体器件性能、效率、小型化的要求越来越高。半导体材料将有革命性的变化,也进一步推动了以碳纳米管为代表的新型高迁移率电子材料的研发浪潮。

　　在"后硅时代"的众多材料中,碳纳米管是一类独特的狄拉克材料,其线性或准线性的能量与动量低能色散关系,使其具有优异的电子、空穴高迁移率,成为下一代高速半导体的理想候选材料。实现碳纳米管在高性能电子器件领域应用的前提是批量可控制备大面积、高半导体纯度、结构完美的超长碳纳米管。本书深入分析了超长碳纳米管的生长机理,发现液相催化剂界面与碳纳米管手性之间的随机分布规律,从热力学角度揭示了定向进化策略对超长碳纳米管结构控制的关键作用。另外,建立顶部生长传质双球模型,证明提高碳纳米管动力学速度的关键在于缩小催化剂表面外扩散和毒化过程的活化能差异。进一步地,设计了具有窄径向高度的新型微通道层流反应器,通过控制反应过程中的温度和气体环境,有效提高了催化剂活性概率并抑制毒化,实现了超长碳纳米管在 4 in 硅晶圆表面的大面积生长,最大碳纳米管长度达到 650 mm,并采用催化剂预沉积方法将碳纳米管阵列密度提高至 10 根/μm。分别统计晶圆表面金属性和半导体性碳纳米管的数量随长度的变化,发现金属性和半导体性碳纳米管均满足 Schulz-Flory 分布规律,但半导体性碳纳米管的半衰期长度是金属性碳纳米管的 10 倍,由此提出依靠分子进化调控碳纳米管长度实现半导体纯度控制的技术路线,在碳纳米管长度达到 154 mm 处实现 99.9999% 半导体性碳纳米管的可控制备,所构筑的晶体管器件开关比为 10^8,迁移率大于 4000 $cm^2/(V \cdot s)$,展现了高性能半导体特性。此外,发展了一套碳纳米管原位操纵与组装的策略,利用声场辅助或磁控气流编织的方法原位卷绕分米级长度碳纳米管制备 0.1 mm^2 单色碳纳米管线团,瑞利散射证明这种碳纳米管线团具有单一颜色和全同手性,并可以根据其颜色进行手性碳纳米管筛选与分离。采用半导体性碳纳米管线团所构筑的晶体管器件实现了基于单根碳纳米管的最高输出电流记录 4 mA,开关比 10^6,为高长径比纳米线的操纵和高性能碳纳米管电子器件研究提供了一个全新的思路。

关键词:碳纳米管;晶圆级制备;分子进化;高纯度半导体;原位组装

目　录

第1章　碳纳米管的结构与应用基础

1.1　前沿进展介绍

伴随着可移动智能设备、云存储和大数据处理的广泛应用,快速发展的信息产业对半导体芯片和信息处理技术提出了更高的要求。然而,由于受到进一步提高单位芯片集成度的技术制约[1-3],国际半导体技术发展路线图组织(International technology roadmap for semiconductors,ITRS)正式决定于 2016 年开始将发展重心转向功能器件集成方向,这标志着长达 50年的由摩尔定律驱动的硅基半导体芯片产业由于硅基材料的限制而渐渐达到极限[4]。实际上,在 20 世纪末,科学家便已经预言摩尔定律将在 10 年后遭遇严重挑战,硅基晶体管将受到技术和成本的制约而难以继续缩小尺寸[2]。这种挑战迫使人们积极寻求新的替代材料来解决问题。1991 年,日本科学家饭岛澄男(IijimaSumio)分析了碳纳米管(carbon nanotubes,CNTs)的结构与半导体性质[5],这种性能优异的纳米材料吸引了科学界的注意。人们试图用这种材料来构筑晶体管。1998 年,荷兰代夫特理工大学的 Cees Dekker 课题组[6]采用单根碳纳米管首次成功制备了第一个纳米晶体管,但晶体管的性能很不理想。2001 年,IBM 公司率先在这一领域获得成功[7]。他们采用与传统的"金属-氧化物-半导体场效应晶体管"相似的结构开发出"单壁碳纳米管(SWNT)场效应晶体管",多项指标优于目前最先进的硅晶体管,提供了迄今有关碳纳米管成为硅材料"接班人"最强有力的证据。作为芯片行业的领军机构,英特尔公司也敏锐地意识到这个问题,经过公司 10 名研究人员的秘密研究,对碳纳米管将来能否成为制造晶体管的一种方法进行了全面评估,公开了它具有出色的加速芯片散热能力的研究成果并对未来发展重心做出规划。发展到今日,技术进展和美国等发达国家政府的重视程度依然有增无减。如 2013 年,斯坦福大学一研究组利用石英基底上制备的水平阵列碳纳米管,制备出世界上第一台碳纳米管计算机[8],再次展示了碳纳米管巨大的电子应用价值。美国国家科学基金会

(NSF)于 2008 年启动了"摩尔定律之后的科学与工程"项目,美国国家纳米计划(NNI)也于 2011 年启动了"2020 年之后的纳米电子学"专项,在非硅基纳米电子学方向每年资助金额超过 2 亿美元,IBM 公司也在 2014 年宣布投资 30 亿美元开发以碳纳米管为基础的下一代计算机芯片,特别是碳基集成电路技术,同年 7 月在《MIT 技术评论》宣布由碳纳米管构成的比现有芯片快 5 倍的芯片将于 2020 年之前成型。

半导体芯片的热潮也带动了各国信息产业的飞速发展。其中,中国计算机产量居世界第一,但 2013 年进口芯片花费约 1650 亿美元,超过石油的 1200 亿美元。2014 年中国进口半导体芯片花费更是超过 2300 亿美元,远超过石油进口额。由于芯片技术核心环节缺失,使得我国信息产业对外依存度高,尽管计算机、手机等产量逐年增长,但 2013 年利润率仅为 4.5%,低于工业平均水平 1.6 个百分点(图 1.1)。可见,半导体工业已成为足以比肩石油工业的世界上规模最大的工业之一,业已成为解决国际争端的一个关键性砝码。

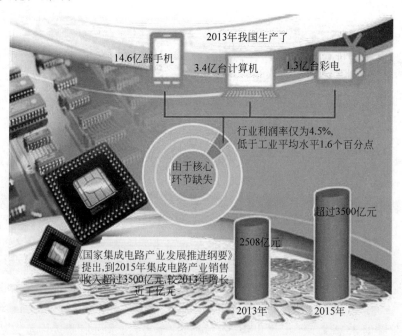

图 1.1　2013 年半导体芯片及其下游产业销售与盈利分析

我国是碳纳米管的生产与研究大国,在碳纳米管的批量生产与应用方面,如碳纳米管的锂离子电池、手机触摸屏等应用领域均走在世界前列,每年发表的学术论文及专利也处在世界的前两位。在碳基集成电路技术发展的今天,这可能是一次实现"弯道超车"、摆脱对发达国家半导体芯片依赖的巨大机遇。我国研究人员经过十余年的努力,在这个重要的领域做出了原创性贡献,特别是材料可控制备和无掺杂碳纳米管集成电路技术已走在国际前沿,这在过去三版的 ITRS 报告中得到了充分体现。特别是在 2011 年度的"新兴研究器件报告"中,在全球与碳纳米管器件相关的 9 项进展中,中国学者所贡献的研究进展占据 4 项[9];2013 年的报告中共 11 项进展,中国贡献的进展占据 3 项。但是,相比欧美发达国家 2020 年之后对非硅基纳米电子学研究领域的巨额投入,我国对非硅基技术尚无布局,关于材料生长、器件制备、模拟和系统设计方面的深层次技术和学术问题仍需在国家的支持下进一步协调研究[10]。实际上,目前碳纳米管用于电子与光电子器件最大的问题是材料的制备与超长、高纯度半导体碳纳米管的制备远落后于器件的制备,这使得目前的商用碳纳米管电子器件还处于空白状态,仅有一些对于电子迁移率要求不高的应用,如碳纳米管闪存器的商业化突破在即。可见,材料生长是关系下游高性能器件应用至关重要的基础环节,关于其性质研究与可控制备一直是制约碳基集成电路大规模应用的关键问题。

1.2　碳纳米管的结构与电学性质

有学者曾预言,21 世纪经济发展的三大支柱产业是信息科学技术、生命科学技术和纳米科学技术。而纳米技术又是信息和生命科学技术进一步发展的坚固基石,因而在过去将近 30 年的时间里,纳米材料受到了社会和广大科研工作者的高度重视。其中一维的碳纳米管凭借其独特的中空管状结构和优异的力学、热学、电学、光学性能而显示出潜在的应用前景[8,11-14],在化学、化工、物理、生物、医学、环境等学科领域逐渐凸显出优势。麦肯锡管理咨询公司研究分析了多项技术对未来经济的影响程度,认为碳纳米管等先进材料将成为 2025 年颠覆性技术。

1.2.1　碳纳米管的结构

碳纳米管(简称"碳管")是一种具有中空管状结构的高长径比特殊碳纳米材料,可以看作由二维石墨烯沿一定方向卷曲而成,不同层数的石墨烯旋转会得到不同壁数的碳纳米管,不同的旋转轴方向使得形成的碳纳米管具有不同旋光性和手性参数[15]。碳纳米管的手性结构决定其电子结构,对于一根结构完美的手性碳纳米管,手性指数(n,m)可唯一确定其结构,并决定其光学、电学、化学和磁学性质。图1.2(a)是单层石墨烯的晶格,连接两个等价碳原子的矢量OA被称为手性矢量$\boldsymbol{C}_\mathrm{h}$,决定了碳纳米管的卷曲方向和直径。如果设石墨烯基矢为$\boldsymbol{a}_1$和$\boldsymbol{a}_2$,则

$$\boldsymbol{C}_\mathrm{h}=n\boldsymbol{a}_1+m\boldsymbol{a}_2\equiv(n,m) \tag{1.1}$$

碳纳米管的直径和手性角为

$$d_\mathrm{t}=\boldsymbol{C}_\mathrm{h}/\pi=\sqrt{3(m^2+n^2+mn)}\,\boldsymbol{a}_\mathrm{CC}/\pi \tag{1.2}$$

$$\theta=\arctan[\sqrt{3}\,m/(2n+m)] \tag{1.3}$$

可见,(n,m)与(d_t,θ)是对手性矢量的两种等价描述。

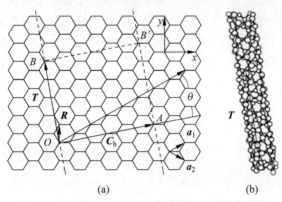

(a)　　　　　　　　　　(b)

图1.2　石墨烯和单壁碳纳米管的几何结构示意图

(a) 单层石墨烯的晶胞(OA 是(4,2)型碳管的手性矢量$\boldsymbol{C}_\mathrm{h}$,OB 是其平移矢量$\boldsymbol{T}$,

OAB′B 是其单胞);(b)(4,2)型碳纳米管结构[18]

　　手性角$\theta=0°$的碳管其圆周方向是锯齿状的,因此被称为锯齿型(zigzag)碳管,而$\theta=30°$的碳管则是扶手椅型(armchair)的,这两类碳管是非手性的,而$0<\theta<30°$的碳管是手性的。

　　按照导电特性分类,当$n-m=3k$(k 为整数且不等于 0)时,碳纳米管为准金属性碳纳米管,又称小带隙半导体性碳纳米管,其带隙的产生源于碳纳米管的曲率诱导,大小与碳纳米管的半径的二次方成反比[16]。当$n-m\neq3k$(k 为整数)时,为半导体性碳纳米管,其带隙与碳纳米管的半径成反比[17]。从理论上讲,只有扶手椅型碳纳米管为内禀金属性碳纳米管。不过,金属性碳管的判定条件$n-m=3k$(k 为整数且不等于 0)已经为人们所接受。这就说明,当n、m 随机分布时,1/3 的碳管为金属性碳管,而 2/3 为半导体性碳管。

石墨烯是碳纳米管的母体,其 π 轨道比 σ 轨道更加靠近费米能级,因此电子的 π-π* 跃迁最为重要。如果不考虑 σ-π 杂化,利用最临近紧束缚方法可以计算得到石墨烯的 π 电子能量等能面。其中 π 和 π* 轨道在 K 点相交,因而石墨烯是一种半金属。石墨烯和碳纳米管物性的特殊性正是由 K 点附近近乎线性的能量色散关系决定的。

图 1.3(a)中的粗实线是碳纳米管的"分割线"。碳纳米管的手性指数将决定这些分割线的长度、方向和间距,并且它们对石墨烯的能量进行了特定的量子化。如果将这些分割线沿着交点折叠并且投影,便可以得到碳纳米管的电子能带结构(图 1.3(b))及电子态密度(图 1.3(c))。图 1.3(c)中很多尖锐的峰被称为范霍夫奇点,是源自一维材料的电子限阈效应,而在费米能级附近的几个奇点均是源于最接近 K 点的分割线。

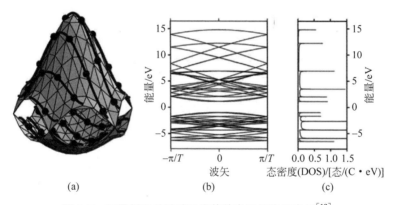

图 1.3　石墨烯和单壁碳纳米管的电子结构示意图[18]

(a) π 电子最邻近紧束缚方法计算得到的石墨烯电子等能面(只绘出第一布里渊区),价带与导带交于 K 点,粗实线是(4,2)型碳管的分割线;(b) 从(a)经过布里渊区折叠方法得到的(4,2)型碳管电子能带结构图;(c)(b)对应的电子态密度示意图

碳纳米管所具有的导电属性,即金属性或半导体性,在电子结构图中取决于是否有分割线穿过 K 点。如果有分割线穿过 K 点,则在费米能级位置会有允许的态密度,表现出金属性,从手性指数上表现为 $(2n+m)$ 可以被 3 整除。如果 $(2n+m)$ 不能被 3 整除,则没有分割线穿过 K 点,表现为半导体性。一般还通过 $MOD(2n+m,3)$ 的数值分为 MOD1 和 MOD2 型的半导体管,两类碳纳米管在光电特性上有不同的表现。

1.2.2 碳纳米管的电学性质与优异性能

碳纳米管是一种具有狄拉克材料结构的一维碳纳米材料,其典型的狄拉克双锥电子结构使得费米面附近的电子态主要为扩展 π 态[10]。由于没有表面悬挂键,表面和纳米碳结构的缺陷对扩展 π 态的散射几乎不太影响电子在这些材料中的传输,室温下电子和空穴在碳纳米管中的电子迁移率高达 100 000 cm^2/(V·s),比目前最好的硅基晶体管迁移率高出 2 个数量级(图 1.4)。在小偏压情况下,电子能量不足以激发碳纳米管中的光学声子,但与碳纳米管中的声学声子相互作用又很弱,其平均自由程可长达数微米,使得载流子在典型的几百纳米长的碳纳米管器件中呈现完美的弹道输运性质[19]。此外,由于纳米碳结构没有金属中那种可以导致原子运动的低能位错或缺陷,因而可以承受超过 10^9 A/cm^2 的电流,远远超过集成电路中铜线所能承受的 10^6 A/cm^2 的上限,另外碳管直径仅有 1~3 nm,非常容易被栅极电压有效开启和关断。同时半导体性碳纳米管属于直接带隙半导体,所有能带间跃迁不需要声子辅助,是很好的红外发光材料。理论分析表明,基于碳纳米结构的电子器件可以有非常好的高频响应。对于弹道输运的晶体管,其工作频率有望超过 THz,性能优于所有已知的半导体材料[20]。

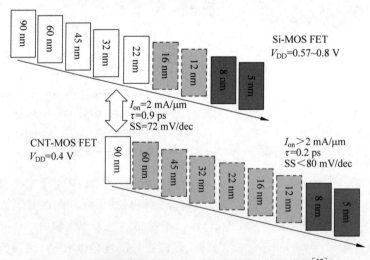

图 1.4   硅基和碳纳米管 CMOS 技术发展比较示意图[10]

除上述优异的电学性能外,理论计算及实验结果表明,碳纳米管还具有优异的力学、热学和光学性能,从而拓展了碳纳米管在纳米光电学方面的应用[12,19]。例如,在力学性能方面[21-22],碳纳米管杨氏模量达到 1 TPa,拉伸强度高达 100 GPa,超过目前 T1000 碳纤维拉伸强度的 10 倍以上;在热学性能方面,单壁碳纳米管热导率高达 6600 W/(m·K)[23],比目前室温下最好的导热材料金刚石高出 3 倍以上,在硅基芯片散热和热管理方面展现出极大优势[24]。结合其优异的光学性能,基于单壁碳纳米管做成的柔性薄膜晶体管的导电性和透明度与传统的氧化铟锡(ITO)相当,但在红外波段具有更高的透明度[25-26],有望替代 ITO 在显示、触摸屏、LEDs 实现规模应用。目前取得规模化进展的当属复合材料领域,利用碳纳米管材料大的纵横比结构特点,以极小的添加比例(如质量百分数为 0.01)即可在材料中形成渗流网络,现今已广泛应用于汽车部件、电磁屏蔽、运动器械、锂离子电池、超级电容器、饮用水过滤器中(图 1.5),但上述应用利用的仅是非完美结构的碳纳米管原材料,远未充分发挥碳纳米管的极致性能。相比之下,新一代高端碳基微电子领域将充分展现完美结构碳纳米管接近理论的优异性能,具有巨大的研究和应用价值。

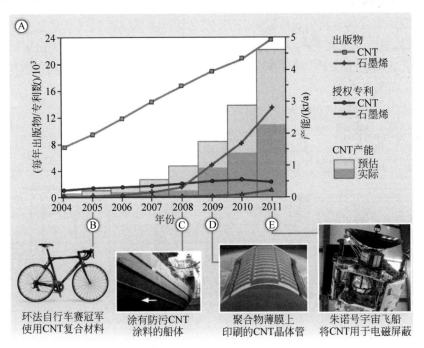

图 1.5　碳纳米管研究论文发表、生产能力与商业化应用趋势[27]

1.3　碳纳米管的生长机理与可控制备

1.3.1　碳纳米管的生长机理

　　制备碳纳米管的方法主要包括电弧放电法、激光烧蚀法和化学气相沉积法。其中化学气相沉积法具有反应条件温和、参数容易控制、容易实现大规模生产的优势,目前在宏量制备碳纳米管方面应用最为广泛。用化学气相沉积法制备的超长碳纳米管遵循一种被称为气-液-固模式的生长机理[28]:金属催化剂颗粒在高温下呈现熔融状态,碳源气体分子在高温下分解后产生的单个碳原子在金属表面溶解,进入金属颗粒内部,当碳源分子达到过饱和状态后便析出并组装成碳纳米管。和气-液-固模式类似,气-固-固模式也包含碳源的吸附、扩散和沉淀析出这些基本步骤,唯一的差别在于碳源的吸附只限制在固体催化剂表面。在相对较低的反应温度下,大部分过渡金属纳米颗粒均处于固态。原位环境透射电子显微镜表征进一步证明,在碳纳米管成核和生长过程中,尽管催化剂纳米颗粒被发现经常具有结构振荡,但仍然保持着基本的晶格形态[29-30]。这种结构的振荡反映出在碳纳米管管壁的作用下金属原子在固态催化剂表面的蠕动,这种生长模式常存在于金属氧化物、金属碳化物、高熔点金属或合金等为主要成分的催化剂中。

　　根据基底、催化剂和碳纳米管的相对位置提出了两种生长模式:顶端生长模式和底端生长模式(图 1.6)。顶端生长模式是指在超长碳纳米管的生长过程中,其催化剂颗粒一直保持在超长碳纳米管的顶端,在气流的引导下带动新生产的碳纳米管不断向前生长;底端生长模式则认为在超长碳纳

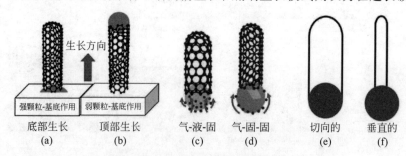

图 1.6　碳纳米管的生长机理分类[34]

(a) 底端生长模式;(b) 顶端生长模式;(c) 气-液-固生长机理;
(d) 气-固-固生长机理;(e) 切向生长模式;(f) 垂直生长模式

米管的生长过程中催化剂颗粒保持在基底上不动，新生成的碳纳米管位于整个超长碳纳米管的底端。碳纳米管在基底上以何种模式生长，与基底的种类和实际采用的生长条件有很大关系。研究发现，在石英和蓝宝石等带有晶格导向作用的基底上碳纳米管容易按照底端模式生长[31-33]，而在硅片基底上一般容易按顶端模式生长。与底端生长模式相比，顶端生长模式的催化剂在反应气流中自由漂浮，因此与基底的结合作用更弱。

碳纳米管具有与催化剂颗粒直径相当的管径，精细的电子显微镜表征进一步发现，存在两种成核模式[35]：一种是切向生长，即碳纳米管管径与催化剂颗粒直径接近；另一种是垂直生长，即碳纳米管管径显著小于催化剂颗粒直径。两种生长模式在以甲烷为碳源的催化化学气相沉积过程中均有被发现。原子模拟分析表明，垂直模式具有更高的碳纳米管-催化剂界面能垒，常存在于由动力学控制的碳纳米管伸长生长过程。比较而言，切向模式更容易存在于碳纳米管的生长达到平衡的状态。因此，在反应时间较短的情况下，碳纳米管的生长倾向于垂直模式，而当反应时间较长时，碳纳米管倾向于切向模式生长[36]。

超长碳纳米管的生长符合顶端生长模式的"风筝机理"[37]，即在反应过程中，由于气流和基底之间存在一定温度差，从而在垂直于基底方向上产生热浮力，使得碳纳米管在生长过程中处于漂浮状态，催化剂则停留在碳纳米管顶端，因此将这种生长模式形象地比作"放风筝"。碳纳米管初始生长部分由于与基底的范德华力作用而留在基底表面。一般认为，超长碳纳米管的生长遵循气-液-固模式，因为要想使碳纳米管在反应过程中处于漂浮状态，高温是必要条件（1000～1050℃），常采用的过渡金属催化剂如 Fe、Co、Ni 等在这样的高温下多呈现液态。

关于碳纳米管生长终止的原因，有两种主要理论。一种理论认为随着碳纳米管不断生长，催化剂在反应过程中由于奥斯特瓦尔德熟化作用而不断发生碰撞和聚并，使得较多催化剂丧失活性而无法催化生长，从而使得生长终止[38]。另一种理论认为碳纳米管生长的关键因素在于催化剂活性并且在不同反应条件下催化剂具有不同的活性概率，当催化剂失活或活性概率较低时，会导致碳纳米管生长终止[39]。

1.3.2　长度控制

结构与性质均一的碳纳米管在构建电子器件方面具有重要意义。长度达到毫米甚至厘米级的超长碳纳米管具有结构一致的优点，并且结构缺陷少,性能与碳纳米管所能达到的理想水平最为接近。超长碳纳米管的可控制备使得在一根碳纳米管上构建上百个场效应晶体管成为现实[40]。此外,超长碳纳米管也是一种理想的添加剂,可以大幅提高纤维的强度和韧性。由于超长碳纳米管近乎理想的传递和机械性能,使得关于它的可控制备方法一直是研究的热点。

超长碳纳米管遵循顶端生长模式,多采用气流辅助的化学气相沉积法制备。催化剂颗粒在生长过程中处于漂浮状态,增大了与碳源的接触概率,同时也减小了碳纳米管与基底之间的相互作用,使得碳纳米管在整个生长过程中仅受气流控制,自由生长,因此气流的稳定对于生长超长碳纳米管来说具有重要的意义。Kwang 等对常用的石英管反应器进行改进,采用在原有的石英管内放入外径较小的石英管的方法,通过调整小管的直径使气流达到稳定层流状态,使得碳纳米管长度大幅提高,最终获得长度为 4 cm 的碳纳米管[41],如图 1.7 所示。除了气流状态外,其他条件如温度、停留时间、碳源种类、原料气组成等都会不同程度地影响超长碳纳米管的生长过程。

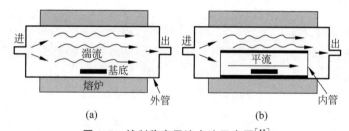

图 1.7　控制稳定层流方法示意图[41]

(a) 中湍流可通过;(b) 图示方法变为层流

Fan 等对基底做了特别处理,通过将催化剂负载在碳纳米管薄膜上,并单独置于一小片硅片基底上,实现催化剂区与生长区的分离,保证碳纳米管超长部分生长的干净环境。最终在乙醇为碳源、Fe-Mo 为催化剂的条件下在硅基底上制备出长度达 18.5 cm 的超长碳纳米管,生长速度达 40 $\mu m/s$(图 1.8)[40]。Wei 等研究发现在碳源中加入少量水蒸气会减少并消除无定形碳的沉积,水在反应过程中起到弱氧化剂的作用,有助于碳纳米管完美水平阵列的生长。经条件优化,制备出 20 cm 长的少壁碳纳米管,生长速度>80 $\mu m/s$[42]。

可见,在过去几年中,研究的重点多集中在针对单一变量因素对超长碳纳米管生长的影响,直到 2013 年,Wei 等提出超长碳纳米管符合螺旋位错生长的规律,并且与催化剂的活性概率直接相关。首次将影响超长碳纳米

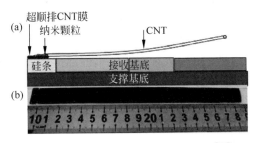

图 1.8　超长碳纳米管生长方法图示[40]

(a) 催化剂区与超长生长区各自独立生长超长碳纳米管；(b) 实际生长用基底图片

管生长的因素归结于催化剂活性概率单一变量因素，并发现超长碳纳米管的生长规律符合用于描述聚合物生长规律的 Schulz-Flory 分布函数，进而实现对碳纳米管生长过程的定量描述。Wei 等经过长期大量的条件实验摸索，并采用移动恒温区方法制备出结构完美、长度达 55 cm 的超长碳纳米管（图 1.9）[39]，使得构建"太空天梯"[43]不再是遥不可及的梦想。

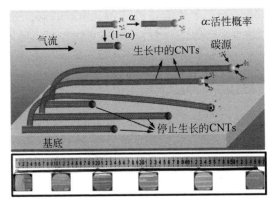

图 1.9　基于 Schulz-Flory 分布规律半米长超长碳纳米管生长图示[39]

1.3.3　密度控制

在众多影响碳纳米管生长的因素中，催化剂起到关键性的作用。要想生长出高密度的碳纳米管阵列，需要高密度且分散均匀的催化剂纳米颗粒，并且催化剂在反应过程中能长时间地保持较高的活性。然而实际反应过程中，催化剂往往会因为表面包覆一层无定型碳，活性位减少而逐渐丧失活性，导致生长的碳纳米管密度和长度降低。此外，由于奥斯特瓦尔德熟化作用，反应在高温条件进行时，催化剂颗粒会相互碰撞、聚并，从而催化生长出不同直径的碳纳米管,增加了碳纳米管之间相互缠绕的可能性,破坏了理论上应有的完美阵列结构,使得以此加工而成的碳纳米器件性能大幅降低。因此,研究保持催化剂在反应过程中活性和抑制催化剂在高温下聚并的方法对制备高密度碳纳米管阵列至关重要。

制备大面积高密度碳纳米管阵列需要实现对基底表面空间的充分利用,这就需要基底与碳纳米管之间要有强相互作用,因此晶格导向法成为制备高密度碳纳米管阵列的首选方法。Liu 等将带有标记线的掩膜覆盖在 ST 切向的石英表面,在标记处涂上 Cu 催化剂,再用刻蚀方法将掩膜除掉,实现催化剂在晶体表面的线状分散排列。反应过程用乙醇作碳源在 900℃ 条件下制备出密度高达 50 SWNTs/μm、平均直径为 1.2 nm 的碳纳米管阵列,但整个碳纳米管阵列的半导体选择性仅有 2/3[38]。随后,他们改进合成方法,在碳源中引入甲醇,采用相同的反应条件最终将半导体选择性提高到 95%,平均直径为 1.55～1.78 nm,首次实现了阵列排列完美和半导体选择性兼备的双重目标。研究发现,甲醇的引入和基底与碳纳米管间的相互作用对提高选择性起到了关键性的作用。甲醇热解产生的 OH 会选择性刻蚀电离能较低的金属性碳纳米管,同时甲醇的引入会增强基底与碳纳米管间的相互作用。半导体碳纳米管选择性会随着碳源中甲醇与乙醇流量比的提高而增加。然而,在碳源中引入甲醇后碳纳米管阵列密度大幅降低,仅有 5 SWNTs/μm[44]。

多次生长法有利于提高碳纳米管阵列的密度。Liu 等基于前期研究,仍然采用甲醇和乙醇作为碳源,但在反应过程中并不持续通入碳源,而是碳源与还原气每隔一段时间交替通入,催化剂在每次循环生长过程中出现概率性活化再生,最终将碳纳米管阵列密度提高至 20～40 SWNTs/μm,直径提高至 2.4 nm。此种方法的限制条件在于可循环次数是有限的,当循环过程达 4 次时,OH 对短直径碳纳米管的选择性刻蚀作用会导致阵列密度下降(图 1.10)[33]。采用多次循环生长法在提高密度的同时也增大了直径。在之后的研究中,Liu 等和 Peng 等发现催化剂区杂乱的短碳纳米管是阻碍阵列密度提高的因素,进而改进多次生长法,在碳源中引入水蒸气而不掺入甲醇,并在生长间歇维持水蒸气的通入量,利用水蒸气对催化剂区多壁碳纳米管的刻蚀作用除去杂乱的短碳纳米管,最终实现了密度和半导体选择性的同时提高。密度为 10 SWNTs/μm,半导体性与金属性碳纳米管比例(S/M)随直径分布变化,在 1.5～2.2 nm 范围,一次循环和三次循环值分别为 4.68 和 5.2[31]。Rogers 等采用不同的多次生长方法,先用带有标记线掩膜涂覆 Fe 催化剂的方法制备碳纳米管阵列,再在相邻两催化剂线之间用氧刻蚀的方法平行地除去部分碳纳米管,在露出的表面再次涂覆催化剂催化生长,使密度提高 2 倍,达到 $20\sim30$ SWNTs/μm[32]。

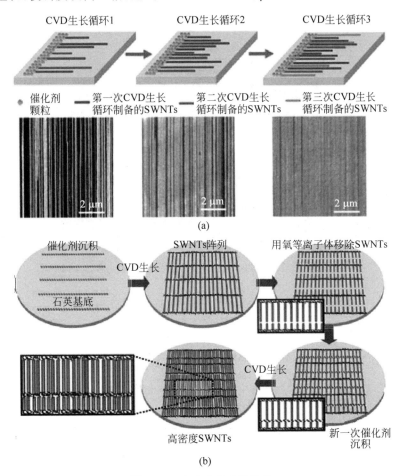

图 1.10　多次生长方法图示

(a) 碳源间歇循环通入的多次循环生长法[33];(b) 多次重复反应过程提高催化剂利用率,增大密度[32]

作为碳纳米电子领域的领军机构,IBM 中心宣称:为实现利用单壁碳纳米管阵列制造集成电路,理想的阵列密度应达到 125 SWNTs/μm[45]。在过去近 20 年的研究中,始终无法达到这个目标,直到 2015 年,Zhang 等着眼于催化剂设计,利用空气中退火方法将铁催化剂颗粒储存在蓝宝石晶格表面,反应中再通过氢气还原的方法缓慢稳定释放催化剂颗粒,实现催化剂颗粒均匀分布,摆脱了过去催化剂分布不均匀且反应中容易聚并的问题,最终制备出密度高达 130 SWNTs/μm 的碳纳米管阵列,为推进碳基集成电路的应用做出了重要的贡献(图 1.11)。研究发现,Fe、Mn、Co 均适用于这种制备方法,并将这类催化剂称为"特洛伊催化剂"[46]。

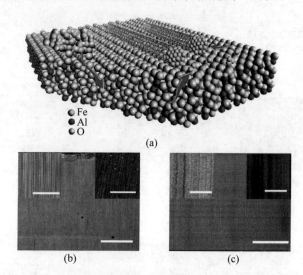

图 1.11   高密度碳纳米管阵列的生长机理图示和表征[46]

(a)用"特洛伊"催化剂生长高密度碳纳米管阵列机理图示;(b),(c)高密度碳纳米管阵列的低倍和高倍扫描电镜(SEM)图像及原子力显微镜(AFM)图像

(b)标尺条为 50 μm,内图为 3 μm;(c)标尺为 300 nm,内图为 50 nm

关于密度控制,发展至今,目前存在的困难是高密度碳纳米管阵列多是在石英、云母、蓝宝石晶面上借助晶格导向作用实现的,而构建碳纳米电子器件多是基于硅基底,要想实现对石英表面形成的高密度碳纳米管阵列应用需要有效地转移并保持阵列结构不变的方法或是实现在硅基底表面制备出高密度碳纳米管阵列。另外,尽管现阶段已经实现理想密度要求,但阵列中的碳纳米管纯度和长度仍不能同时满足要求。可见,碳纳米管的可控制备方法仍需要进一步的研究和探索。

1.3.4   半导体性控制

碳纳米管按其导电性质可分为金属性碳纳米管和半导体性碳纳米管。半导体性碳纳米管是场效应晶体管等纳米电子器件和逻辑电路的功能性构建单元,而金属性碳纳米管因其具有弹道运输行为而常作为必要的设备连接部件和电极[19]。一般方法制备出的碳纳米管是金属性碳纳米管和半导体性碳纳米管的混合物,这会严重影响纳米电子器件的电学性能,制约其应用与发展。在实际半导体纳米电子器件构建时希望获得高纯度的半导体碳纳米管,IBM 中心宣称:金属性碳纳米管的纯度应做到 0.0001% 以下[45],但目前能实现的半导体碳纳米管纯度仅为 97%[47],研究合适的反应条件或有效的分离方法显得尤为重要。通过调控反应条件直接可控制备出半导体性碳纳米管的方法主要有四类:加入弱氧化剂、改变催化剂模板、借助外力诱导、后期处理。

(1) 加入弱氧化剂

Liu 等向乙醇碳源中引入甲醇,以铜为催化剂,ST-石英为基底制备出半导体性碳纳米管选择性达 95% 的完美水平碳纳米管阵列,而在不掺入甲醇的条件下,半导体碳纳米管选择性仅有 2/3。研究发现,甲醇在 900℃ 反应温度下并不会发生分解,其热解产生的 OH 自由基会选择性刻蚀电离能较低的金属性碳纳米管,有助于提高半导体性碳纳米管的选择性[44]。水在反应过程中同样有弱氧化的作用。基于此,Liu 等在反应间歇持续通入水蒸气改进"多次生长"方法,最终经过三次反应循环,直径分布在 1.5~2.2 nm 的碳纳米管阵列半导体与金属性碳纳米管比例(S/M)达 5.2(图 1.12)[31]。

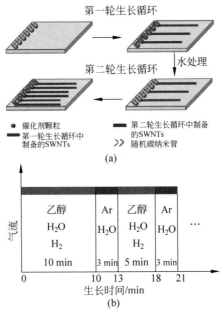

图 1.12　改进"多次循环"生长方法图示(通入水蒸气)[31]

（2）改变催化剂模板

催化剂在可控制备半导体性碳纳米管过程中起到关键作用,它的结构与分散程度会影响碳纳米管的直径、选择性和阵列的密度。常用的过渡金属催化剂在高温反应过程以流体形式存在,纳米尺度的金属催化剂结构在反应过程中动态变化,且容易发生聚并,对碳纳米管的结构有严重影响。此外,制得的含催化剂的碳纳米管的分离纯化过程繁琐,容易破坏碳纳米管结构。Zhang 等将目光转向半导体金属氧化物,用带有氧缺位的 TiO_2 作为反应模板,乙醇为碳源,在 ST-石英表面制备出选择性达 95% 的半导体碳纳米管阵列。反应过程中,TiO_2 因具有较高的分解温度而在反应过程中保持固态,利于生成的碳纳米管结构的保持。氧缺位在选择性制备过程中起到关键作用,从氧缺位生长出半导体性碳纳米管要比生长出金属性碳纳米管耗能低,从而实现高选择性碳纳米管阵列的制备[48]。Zhou 等结合气相外延生长的理论利用有机合成的方法制得 $C_{50}H_{10}$ 分子作为反应种子,以甲醇和乙烯为碳源,在 ST-石英表面制得选择性达 97% 的半导体碳纳米管阵列,实现迄今为止的最高选择性。$C_{50}H_{10}$ 分子是利用富勒烯中曲率最小的一个亚族——碗烯,结合手性指数为(5,5)的碳纳米管组件合成而得,无同分异构体,纯度为 100%[47],如图 1.13 所示。

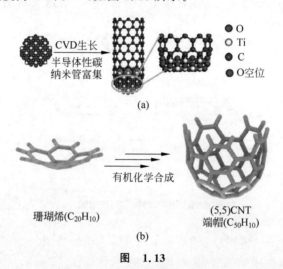

图　1.13

（a）带有氧缺位的 TiO_2 做反应模板提高半导体碳纳米管选择性[48]；（b）碗烯与(5,5)碳纳米管组件有机合成 $C_{50}H_{10}$ 反应种子,获得选择性达 97% 的半导体碳纳米管[47]

（3）引入外力诱导

改变外界条件，借助外力诱导同样可实现选择性制备。Wang 等经过精细的条件实验结合电学测试分析发现，在碳纳米管生长过程中，碳纳米管和催化剂会自发带电[49]，如果用铁作为催化剂、烃类作为碳源，碳纳米管在初始成核阶段会带负电。首先，让碳纳米管在 950℃ 下随机成核，加入电场让催化剂颗粒带正电，使得大部分金属性碳纳米管带有一定量正电荷，而半导体性碳纳米管由于带隙的存在而保持电中性。再反转电场的极性使得催化剂颗粒带负电，这一反转使得制备的碳纳米管导电特性发生改变，形成手性异质结，产生多余的能量罚点。通过原位加入电场的方式放大了金属与半导体性碳纳米管的成核能垒差异，从而实现纯度高达 99.6% 的半导体性水平碳纳米管阵列的可控制备[50]，如图 1.14 所示。理论上讲，若采用此方法进一步将碳纳米管的直径控制在 1.3 nm，可将金属性碳纳米管的纯度控制在 1×10^{-6} 以下。

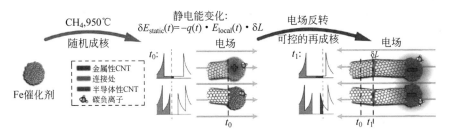

图 1.14 电场诱导重新成核方法示意图[50]

通过反转电场改变碳纳米管手性制备半导体性碳纳米管

（4）后期处理

除了直接设法实现半导体性碳纳米管选择性制备外，后期从碳纳米管阵列分离出半导体性碳纳米管的方法也受到了广泛关注。Zhang 等提出两种方法：一种是用胺官能团修饰的 APTES 和苯官能团修饰的 PTEOS 作为功能胶，利用它们各自对金属性和半导体性碳纳米管的特异性吸附能力实现选择性分离[51]；另一种是用十二烷基硫酸钠（SDS）做表面活性剂选择性洗脱金属性碳纳米管，选择性达 90%，如图 1.15 所示[52]。然而，后期分离的方法往往会破坏原本的碳纳米管阵列形态或引入其他杂质，更为高效和理想的分离方法仍需进一步探索。

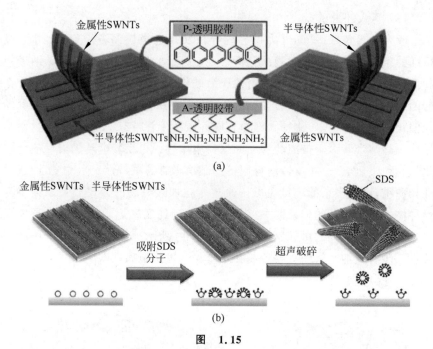

图 1.15

(a) PA 胶法实现金属性和半导体性碳纳米管分离[51];(b) SDS 洗脱法分离金属性和半导体性碳纳米管[52]

1.3.5 手性控制

对超长碳纳米管的手性控制包括对手性角、旋光性和手性指数的控制。超长碳纳米管的手性参数会直接影响电子能带结构、光学性质和电子传递性质,进而影响其应用。催化剂对于控制手性分布具有重要意义。由于手性参数是在二维石墨烯绕轴向旋转过程中产生的,因而碳纳米管的直径会对手性参数造成影响。通过改变催化剂颗粒大小和催化剂在生长过程中的状态可以实现直径的调控,进而改变手性。在众多试图从催化剂设计角度合成单一手性碳纳米管的方法中,高熔点金属催化剂取得了较好的成果。2014 年,北京大学李彦课题组将制备出的高温钨钴合金纳米晶体催化剂用于碳纳米管种子的生长,最终获得了纯度高达 92% 的 (12,6) 单一手性碳纳米管[53]。北京大学张锦教授课题组进一步开发出一种利用碳纳米管与催化剂对称性匹配的外延生长的全新方法,通过对碳管成核效率的热力学控制和生长速度的动力学控制,实现了结构为手性指数 $(2m,m)$ 类碳纳米管阵列的富集生长[54]。生长过程所使用的固相催化剂作为晶核可以引导碳纳米管的定向生长,确保固相催化剂具备特定的晶体对称性,可降低碳纳米管的形成能,有利于其以相似对称性实现其高选择性的富集生长。另外,在碳纳米管的生长过程中,动力学生长速率决定了碳纳米管的长度,较高的生长速率确保了碳纳米管能够在催化剂有限的寿命内获得更长的长度,低生长速率的碳纳米管则往往会由于催化剂的失活而难以生长到可观测的长度。使用碳化钨(WC)做催化剂,对称性匹配会导致四重对称性的碳纳米管生长,如(8,4)、(12,4)、(12,8)和(16,8)碳纳米管,动力学控制促进(8,4)、(10,5)、(12,6)和(16,8)碳纳米管的生长,两方面同时控制则增加(8,4)碳纳米管的生长。碳纳米管的生长机理及手性调控策略如图 1.16 所示。

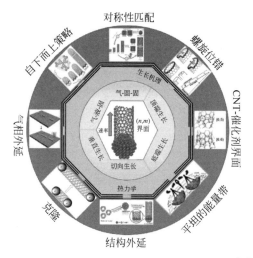

图 1.16　碳纳米管的生长机理及手性调控策略[55]

除了改变催化剂外,近年来提出的"克隆"生长方法在控制手性方面也取得了较好的成果。如图 1.17 所示,Liu 等首次提出克隆的生长方法[56],用制备好的超长碳纳米管作为种子,经退火操作后活化端口基团,用化学气相沉积法进行二次生长,最终碳纳米管在原碳纳米管种子两端延长生长,并且与原种子具有相同手性。Zhou 等采用半导体工业中常用的分子气相外延方法同样以克隆的方式制备出特定手性的碳纳米管[57]。

尽管近些年来手性控制的方法取得了较大突破,但其纯度距离实际应用要求达到的程度还有一定距离。实现高纯度特定手性碳纳米管的合成、碳纳米管手性表征的优化方法及不同手性碳纳米管的分离将是今后手性控制方面需要解决的技术难题。

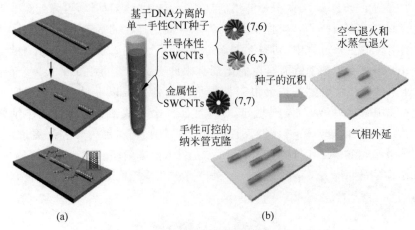

图 1.17　克隆方法制备手性均一碳纳米管

(a) 制备好的碳纳米管做再次生长时的种子克隆生长手性一致碳纳米管[56]；

(b) 气相外延生长方法克隆制备特定手性碳纳米管[57]

1.4　手性碳纳米管的光谱表征

1.4.1　瑞利散射表征

对于单根碳纳米管手性值的表征，主要可以通过透射电子显微镜（TEM）、扫描隧道显微镜等显微技术或拉曼光谱、吸收光谱、荧光光谱等光谱手段。其中，光谱表征既能检测单根碳管，又能获得碳管的聚集体的统计信息，但主要对小管径的单壁碳管比较敏感，并且受碳管所处的环境影响较大；透射电镜表征是唯一能够确定单壁、双壁等少壁碳管各层手性指数甚至左右手性的方法，但对制样要求较高，适合分析局部少量碳管样品。如Wen 等将透射电镜电子衍射分析方法用于转运后的超长碳管，证明长度为10 cm 的三壁超长碳纳米管沿长度方向各层手性结构不变[42]。但由于其操作的复杂性，近年来逐渐被以瑞利散射为代表的光谱技术所代替。瑞利散射光谱测量的是不同波长的入射光和碳管发生弹性散射后出射光的强度，当入射光能量与某个跃迁能匹配时，散射光强度由于共振效应可以被极大增强，在瑞利散射谱中表现为散射峰，该方法对金属和半导体性碳纳米管都适用。Sfeir 等首次将瑞利散射光谱用于悬空单根碳纳米管的表征[58-59]，通过光谱数据和线形分析碳纳米管的激子效应并证明几十微米长度的碳纳米管结构一致性,进一步发现了半导体性碳纳米管的跃迁能与手性之间的函数关系,证明瑞利散射可用来分析手性结构。Liu 等在此基础上结合瑞利散射光谱和电子衍射对 206 个不同手性单壁碳纳米管表征[60-61],建立碳纳米管手性与瑞利散射光谱的对应图表,通过优化实验装置,进一步实现基底表面碳纳米管基于瑞利散射原理的光学可视化,并可以进行高通量的碳纳米管手性结构辨识。然而,根据瑞利散射原理,不同手性结构的碳纳米管在准连续的白激光照射下应当呈现不同色彩,但碳纳米管的真彩色可视化一直没能实现。Wu 等经过多年研究发现,未能实现真彩色是瑞利散射强度弱的原因,通过优化实验装置,利用界面极化增强效应最终实现了实时真彩色碳纳米管光学可视化,极大地提高了手性辨识和结构一致性检验的效率[62],如图 1.18 所示。

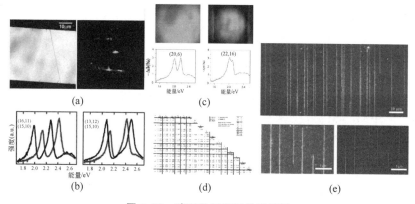

图 1.18　瑞利散射表征发展历程

（a）悬空单根碳纳米管的 SEM 和瑞利散射表征图像[59]；（b）基于瑞利光谱跃迁能辨别手性结构一致性[58]；（c）基底表面碳纳米管光学可视化与手性辨别[61]；（d）碳纳米管跃迁能与手性指数关系图表局部截图[60]；（e）依手性实时真彩色碳纳米管光学可视化[62]

1.4.2　拉曼表征

拉曼光谱测试的是散射光强度和拉曼频移的关系。频移是散射光和入射光的能量差,在碳管光谱中体现的是声子的能量。拉曼光谱法是一种表征碳管的简单无损的方法,可以探测金属管和半导体管,指认手性指数,表征缺陷含量等。图 1.19 是一根悬空给碳管的共振拉曼谱,其谱图中两个主峰分别是在 $100\sim400\ cm^{-1}$ 的径向呼吸模式 RBM 和 $1550\sim1595\ cm^{-1}$ 的切向振动模式 G 峰。G 峰一般包含两支:$1590\ cm^{-1}$ 附近的 G^+ 源于管轴方向的 C—C 键振动、1550～1585 cm^{-1} 的 G$^-$ 源于圆周方向的 C—C 键振动。此碳管在 1350 cm^{-1} 附近并未出现由缺陷诱导产生的 D 峰。而在 2700 cm^{-1} 附近的 2D 峰是双共振的二阶峰。在 600～1100 cm^{-1} 还能观察到一些很弱的中频模式,统称为 IFM。

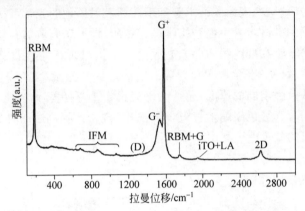

图 1.19　单根悬空碳纳米管在 633 nm 激光激发下的斯托克斯拉曼光谱

G 峰是碳管最常见的拉曼谱峰,主要由高波数的 G$^+$ 和低波数的 G$^-$ 组成。其中 G$^-$ 峰的峰型常被用于区分半导体管和金属管。对于金属管而言,其 G$^-$ 峰一般呈不对称的 Breit-Wigner-Fano(BWF)峰型,低波数有拖尾现象且峰宽大,一般认为是源于声子与连续态电子的作用[63],最近也有研究者认为是源于电子拉曼散射[64]。而对于半导体管而言,其 G$^-$ 峰和 G$^+$ 峰都是窄而对称的洛伦兹峰。

1.5　碳纳米管的组装

碳纳米管是优良的导体和电荷半导体,有合适的机械强度,在纳米电子学和光子器件的构建领域有很多潜在的优势。但是,由于无法在特定位置上使碳纳米管处于特定的方向,它的应用受到了限制。碳纳米管的组装技术涉及由个体到聚集体和多级网络的构筑,以及碳纳米管的取向排列。高效的碳纳米管组装技术有利于发挥其在储能、电子、传热和光学领域的高性能应用。从碳纳米管的结构、形态和可操纵性角度考虑,碳纳米管的组装技术分为液相法和气相法。

1.5.1　碳纳米管的液相法组装

碳纳米管具有极高的比表面积和表面能,降低了化学分子在其表面吸附、修饰和聚集过程的化学能垒。同时,超高的长径比结构为分子吸附提供了更多的成核位点,可以有效提高碳纳米管表面的分子浓度和动力学聚集速度,从而为在溶液中实现碳纳米管的组装创造了可能。一般而言,采用液相法实现碳纳米管的组装可分为两类方法:一是依靠物理作用,采用机械或微加工方法实现碳纳米管的定向组装,这种方法一般适用于将碳纳米管作为连接电极间的导电沟道材料,在基底表面进行布线和分散。蘸笔纳米光刻技术(dip pen nanolithography,DPN)是一种常见的布线方法[65-66],采用原子力显微镜将溶液分散好的纳米材料从针尖传递到基底表面,实现特殊形态的直写式排列和组装。其优势在于可以以一种无损的方式实现有机复合物和纳米材料在微纳尺度的排列。Lee 等在氧化硅表面采用 DPN 方法排列高密度碳纳米管并用其作为沟道材料构筑晶体管器件[66],碳纳米管展现了高度的取向性并且线宽可以在 8 nm 到 2 μm 之间实现精准控制。Corletto 等采用 DPN 方法在 n 型硅和碳纳米管薄膜之间涂布相互平行的碳纳米管线[65],用以构筑碳纳米管/硅太阳能电池器件,碳纳米管的线长大于 1 mm 并且可以保持良好的线宽一致性。

第二类液相组装方法是依靠化学作用,利用聚合物分子与碳纳米管的表界面性质实现碳纳米管的定向组装与排列。Ko 等发现将碳纳米管分散液滴加到场效应晶体管器件表面时,靠近电极附近的碳纳米管会呈现类似液晶相的长程向列相行为,从而实现碳纳米管的平行排列[67]。Tune 等进一步发现,将碳纳米管在含钠的二甲基乙酰胺溶液中搅拌均匀制成的分散液,在浓度为 4 mg/mL 时,溶液呈现液晶相[68]。将其沉积在基底表面,这种溶液的液晶相向列型作用会转移到碳纳米管薄膜表面,从而实现碳纳米管的平行阵列化排列。与这类液晶向列型方法相比,Langmuir-Schaefer 方法同样依靠液晶相作用,而且更适合在大面积基底上实现碳纳米管的定向排列[69]。Cao 等首先将纯度为 99% 的半导体性碳纳米管二氯乙烷溶液在水中进行分相,然后使混合溶液在基底表面依靠表面张力作用实现大面积覆盖。将不稳定的有机溶剂蒸发,使得纳米管悬浮于空气/水界面,形成各向同性相。然后采用移动屏障条在表面施加压缩力,形成二维的液晶层列型,使得碳管进行有序排列。在碳纳米管膜接近裂开时停止压缩作用,所形成的平行排列碳纳米管阵列可以转移到任意基底。Joo 等发展了一种"浮动蒸发自组装"(floating evaporative self-assembly)方法实现了碳纳米管的有序自组装[70]。将半导体性碳纳米管均匀分散在水溶液中,以恒定的速度缓慢提拉亲水性基底。随着溶液的蒸发,空气/水界面按照滑动-黏附的运动形式在基底表面移动,使得碳纳米管在基底表面以条带状沉积,并且碳纳米管条带的宽度和密度可以由基底移动速度精准控制。碳纳米管的液相组装方法如图 1.20 所示。

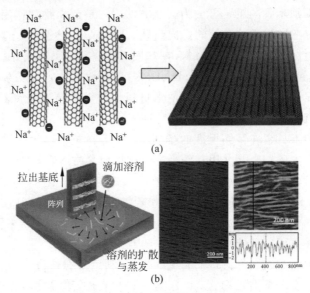

图 1.20　碳纳米管的液相法组装

(a) 液晶聚电解质墨水形成的阵列碳纳米管[68];(b) 悬浮蒸发自组装实现碳纳米管的有序定向排列[70]

1.5.2　碳纳米管的气相法组装

碳纳米管的气相法组装是一项少有人研究的课题。顾名思义,若想实现碳纳米管在气相中排列,一般指的是遵循顶部漂浮模式生长的超长碳纳米管。对于遵循底部模式生长的碳纳米管而言,基底的晶格导向作用对碳纳米管的取向已经起到决定性作用。所以,尽管同样是采用化学气相沉积的制备方法,漂浮生长的超长碳纳米管具有明显的柔韧性和气流随动性,从而为依靠气流导向作用实现碳纳米管的组装提供了更大的操纵空间。杜克大学刘杰课题组在超长碳纳米管的组装方面做了一些早期工作,通过改变基底的方向两次生长超长碳纳米管制备出交叉型碳纳米管[71],从而为设计基于交叉型碳纳米管的逻辑电路提供取向可控和特异性的碳纳米管材料。

进一步地,北京大学李彦课题组发现,在生长基底附近放置三角形或柱形障碍物可以改变气流方向,进而改变超长碳纳米管的取向[72]。如果在基底两侧各放置一个圆柱形障碍物,可以缩短气流通道的直径,实现超长碳纳米管的致密化。清华大学魏飞课题组在此基础上精准控制障碍物的尺寸和形状,进一步缩短气流通道的直径,将十根以上平行漂浮生长的超长碳纳米管汇聚成管束[13],这种碳纳米管管束的拉伸强度达到 80 GPa。尽管略低于单根超长碳纳米管的力学强度 120 GPa,但足以说明,用气流法组装碳纳米管是一种无损的、可以体现碳纳米管本征优异性能的组装技术。而在液相法组装的过程中,碳纳米管常常需要经历化学试剂的表面化修饰和处理,同时部分工艺还需要涉及搅拌、离心、通电等操作,不仅会破坏碳纳米管本征的完美结构,也会对其性能造成不可逆的破坏性影响。因此,有必要发展原位气相法组装超长碳纳米管的工艺,从而实现在特定位置上定向排列碳纳米管,发挥其在力学和光电领域的特异性应用。气相法组装如图 1.21 所示。

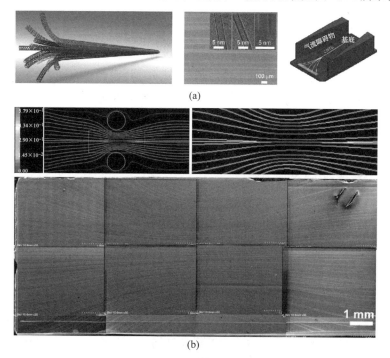

(a)

(b)

图 1.21　碳纳米管的气相法组装

（a）利用三角形障碍物汇聚气流,实现超长碳纳米管管束的制备[13];

（b）利用圆柱形障碍物缩短气流流道,实现超长碳纳米管的致密化[72]

1.6 碳纳米管的电子器件应用

1.6.1 单根碳纳米管的电子器件应用

结构完美的半导体性碳纳米管的可控制备对其在碳基晶体管领域的应用具有重要意义。在过去 20 年左右的时间内,以单根碳纳米管为沟道材料的碳纳米管晶体管经受住了历史的考验,不断向着微型化和高性能方向发展,力争在 2020 年硅基半导体技术节点前实现技术突破。我国在碳基技术发展初期做出了突出贡献,例如,早先国际上对基于金属钯作为接触电极的 p 型碳基晶体管研究居多,n 型晶体管则通过掺杂金属元素或真空退火来实现载流方式的转变,不仅操作复杂,而且稳定性差,置于空气中一段时间后又会再次变为 p 型。Zhang 等通过技术研发,率先采用金属钪作为接触电极制备 n 型碳纳米管晶体管[73],极大地提高了电学稳定性,并在单根碳纳米管上同时实现 n 型和 p 型碳纳米管晶体管的制备,推动了碳基集成电路的发展。Jiao 等则在碳纳米管定位方面做出贡献[74],开发出利用带标记的聚甲基丙烯酸甲酯(PMMA)膜在预先设计的电极排列中精准转移碳纳米管技术。随着碳纳米管晶体管制备技术的不断成熟,研究者们将发展重心转向微型化技术与尺度效应的研究。IBM 在这方面做出了突出贡献,首次从实验上证明了基于单根碳纳米管的晶体管在沟道长度从 3 μm 减少到 15 nm 过程中仍能维持高电流输出,不会存在短沟道效应[75],15 nm 沟道长度的晶体管跨导高达 40 μS;进一步缩小沟道尺寸到 9 nm,即亚 10 nm 节点,同样展现了优异的电学性能,直径标准化开态电流达 2.41 mA/μm,是相同尺度下性能最好的硅纳米线晶体管的 5 倍以上,亚阈值斜率为 94 mV/dec,且性能随尺度减小无明显变化[76]。为进一步提高性能,成功制备了 20 nm 长的自排列"栅极全包覆"结构的 n 型和 p 型碳基晶体管,并实现了与高介电常数电极材料很好的兼容,相比同类硅纳米线和硅翅片等三维结构晶体管,性能显著提升[77]。最近,IBM 发表的系统计算表明,碳纳米管基的芯片无论在性能和功耗方面都将比硅基芯片有大幅改善。例如,从硅基 7 nm 到 5 nm 技术,芯片速度大约有 20% 的增加。但碳纳米管 7 nm 技术较硅基 7 nm 技术速度的提高高达 300%,相当于 15 代硅基技术的改善[78]。这一系列的碳纳米管晶体管技术突破和性能比较让我们再次相信碳纳米管有望取代硅成为新一代集成电路的基元材料,引领新时代下的微电子潮流。单根碳纳米管晶体微型化发展历程如图 1.22 所示。

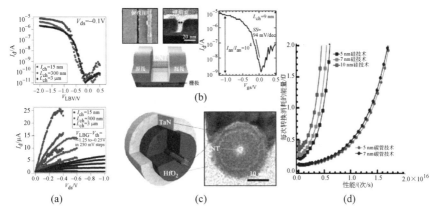

图 1.22　单根碳纳米管晶体管微型化发展历程

（a）碳纳米管晶体管转移和输出特性随沟道长度变化关系[75]；（b）亚 10 nm 沟道长度（图示为 9 nm）碳纳米管晶体管的制备与性能测试[76]；（c）20 nm 长"栅极全包围"结构碳纳米管晶体管制备[77]；（d）IBM 关于未来硅基和碳纳米管基场效应晶体管的性能比较，横轴反映性能的每秒逻辑运算速度，纵轴反映功耗的每个运算所需能量[78]

1.6.2　碳纳米管阵列的电子器件应用

水平阵列碳纳米管应用于碳纳米管晶体管具有绝对的优势，虽然单根碳纳米管制备的晶体管具有超越硅基器件的优异性能，但要想实现大规模高性能、低能耗碳基集成电路的制备，则需要高密度水平阵列排布的碳纳米管同时传输电流。IBM 分析了碳纳米管晶体管的发展情况，认为当前制约其发展最关键的问题有两个[45]，即碳纳米管的纯化和可控地定位，并提出明确的技术指标：在 2020 年技术节点前实现 99.9999% 的半导体性碳纳米管纯度、密度高达 125 根/μm 以及两项指标的同时兼容。虽然目前水平阵列碳纳米管的密度可以达到 130 根/μm[46]，但半导体的选择性仅可以达到 97% 的水平[47]，并且这两个最高水平还无法实现兼顾，与技术节点的要求相差甚远。IBM 另辟蹊径，试图采用现已批量生产的碳纳米管通过后期分离纯化得到高半导体选择性随机排列碳纳米管，再结合特殊方法实现组装排列制作微电子器件。如 Cao 等发展两类方法：一是采用 Langmuir-Schaefer 方法[69]对 99% 半导体纯度的碳纳米管进行组装制备 500 根/μm 的高密度碳纳米管膜，器件电流密度达 120 μA/μm；二是将高纯半导体性碳纳米管分散到溶液中，利用电泳现象和自限制原理组装排列碳纳米管[79]，器件电流密度达 1 μA/根（图 1.23）。但这类后期处理的方法容易破坏碳纳米管的结构，影响其性能，难以获得较高的器件开关比，无法展现碳纳米管本质上的优异性能。

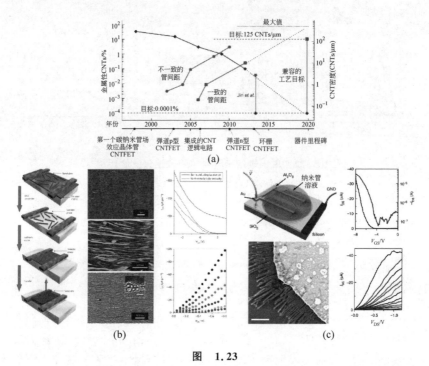

图　1.23

（a）碳纳米管晶体管发展路线与目标[45]；（b）Langmuir-Schaefer 方法组装制备超高密度半导体碳纳米管阵列及器件性能[69]；（c）电泳方法实现随机排布碳纳米管阵列化排列方法示意图及器件性能测试[79]

1.7　本书的内容安排

　　碳纳米管具有优异的电学性能，在新一代微型电子器件领域展现了巨大潜力。然而，其手性和带隙结构的多样性制约了其在电子器件中的优异性能。批量可控制备大面积、高半导体纯度、结构完美的超长碳纳米管是发挥碳纳米管在光电器件领域应用的关键。本书深入分析了超长碳纳米管的生长机理，揭示了定向进化策略对于液相催化生长的超长碳纳米管结构控制的关键作用。通过建立进化生长机理和顶部生长传质双球模型，证明提高碳纳米管动力学速度和长度的关键在于缩小碳源分子在催化剂表面外扩散和毒化过程的活化能差异。以此作为理论指导,设计了具有窄径向高度和长预热区范围的新型微通道层流反应器,通过优化反应条件与自动化过程控制,实现了超长碳纳米管在 7 片 4 in 硅晶圆表面的大面积生长。分别统计晶圆表面金属性和半导体性碳纳米管的数量随长度的变化关系,发现金属性和半导体性碳纳米管均满足指数衰减的 Schulz-Flory 分布规律,但半导体性碳纳米管的半衰期长度是金属性碳纳米管的 10 倍,由此提出依靠优化碳纳米管长度实现高纯度半导体性碳纳米管自发纯化的技术路线,在碳纳米管长度达到 154 mm 处将半导体性碳纳米管纯度提高至 99.9999%,展现了优异的器件性能。此外,基于新型反应器对流场扰动的敏感响应,发展了一系列碳纳米管原位操纵与组装的策略,利用声场辅助或磁控气流编织的方法原位卷绕分米级长度碳纳米管制备单色碳纳米管线团,所构筑的电学器件创下了单根碳纳米管的最高输出电流记录,从而为一维高长径比纳米线的操纵、分离与电子器件应用研究提供了一个全新的思路。

本书的研究思路与具体结构如图 1.24 所示。

(1) 分析了目前采用管式炉和石英管反应器制备超长碳纳米管的工艺中存在的问题,如管式炉恒温区长度受限、硅片在石英管反应器内扰乱流场、单次间歇生产能容纳的硅片尺寸和数量受限等。为此,设计了新型微通道层流反应器和反应炉,并结合流体力学理论论证反应器设计的合理性及内部气流流动情况。在设备搭建和调试过程中,采用可编程逻辑控制器和马弗炉自带的多段可编程控制器分别对流量和温度进行实时监控和记录,并对反应装置的本质安全性进行计算说明。

(2) 介绍了超长碳纳米管的制备条件和基本形貌特征,分析了液相催化生长的超长碳纳米管定向进化选择性制备机制,并建立了催化过程对碳纳米管长度影响的传质双球动力学模型。针对新型反应器结构特征总结出基底在反应器生长区位置、基底相对位置关系、生长次数(管壁积碳量)及常规反应参数(如温度和气体环境)对超长碳纳米管生长过程的影响规律。经过反应参数优化和自动化控制,最终成功实现了晶圆级超长碳纳米管的批量化制备,并且可以通过催化剂预沉积方法提高碳纳米管阵列的密度。

(3) 分析了悬空碳纳米管阵列不同长度位置处的拉曼光谱,发现有缺陷的碳纳米管、金属性和半导体性碳纳米管的数量都会随长度衰减,但具有不同的衰减速率。由此,发展出一种依靠调控碳纳米管长度实现高纯半导体性碳纳米管自发分离和筛选的策略。采用这些高纯度半导体性碳纳米管制作的器件展现了优异的电学性能,可以满足当前主流的光探测器、逻辑电路和射频电路等电子器件应用需求。

（4）针对超长碳纳米管密度低、分离难度大等问题,发展了一套原位气流法组装与操纵的方法。通过在超长碳纳米管生长后期引入一定频率和振幅的声波或者依靠磁场辅助移动生长基底,使漂浮的碳纳米管在涡流下卷绕成碳纳米管线团。瑞利散射证明这种碳纳米管线团具有单一颜色和全同手性,并可以根据其颜色进行手性碳纳米管筛选与分离。基于半导体性碳纳米管线团构筑的晶体管器件展现了高电流输出的优异性能。

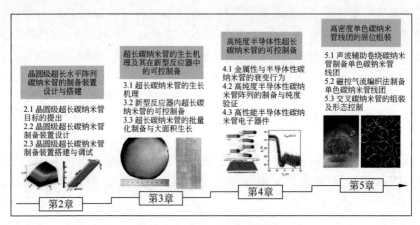

图 1.24　本书结构框架

第 2 章 晶圆级超长水平阵列碳纳米管的制备装置设计与搭建

2.1 晶圆级超长碳纳米管目标的提出

经过对碳纳米管接近 20 年的理论和实际生产研究,关于其制备方法及批量化生产已经有了较为成熟的认识,在对其结构控制,包括手性、直径、方向等方面也取得了极大的突破。碳纳米管按其结构形态可分为聚团状、垂直阵列状和超长水平阵列状碳纳米管。目前聚团状和垂直阵列状碳纳米管已通过流化床生产方法实现千吨级批量化生产并且生产规模仍在不断扩大[80],但其结构缺陷较多且纯度不高,无法充分体现碳纳米管理论上的优异性能。超长水平阵列碳纳米管长度可达到厘米级甚至米级且相邻两根碳纳米管之间距离较远,其生长过程遵循自由生长原理,缺陷密度低,结构完美,最能体现碳纳米管理论上的优异性能,在超强纤维和微纳米电子器件等领域具有重要应用,并有望取代迎来碳基集成电路的时代[81]。

然而,超长水平阵列碳纳米管由于生长过程受到原料气纯度及配比、反应温度、反应压力、停留时间、水蒸气含量、气流均匀性、催化剂设计、反应基底等多种因素影响,具有非常狭窄的生长窗口,关于其可控制备方法一直被公认为碳纳米管研究领域中的重大难题。Zhang 等经过大量优化条件实验总结发现,影响超长水平阵列碳纳米管生长的多种因素最终均可归结为对催化剂活性概率的影响,超长碳纳米管的长度分布与催化剂的活性概率之间满足原本用于描述高分子聚合物的 Schulz-Flory 分布函数[39]。基于此,Zhang 等探索出利用管式炉在硅片基底上制备超长碳纳米管的最优反应条件,并创造性地提出"移动恒温区"的方法,摆脱超长碳纳米管生长长度受到恒温区长度限制的问题,成功制备出长达 550 mm 的世界上最长的碳纳米管,实现了碳纳米管在一维轴向方向上的宏量制备。

超长碳纳米管的生长过程遵循自由生长机理,在生长时希望仅依靠气流导向作用实现漂浮自由生长,而这种单一的气流导向作用来自基底在反应过程中自身和气流之间存在一定温度差而产生的热浮力[37]。此外,基底与超长碳纳米管之间越是微弱的范德华力作用对于漂浮生长而言越是有利。综合以上两点,不具有晶格导向作用的硅片基底成为以追求长度为目标制备超长碳纳米管的最佳选择。但是,由于硅片在超长碳纳米管制备过程中起到承接产物的基板作用,因此在其他条件均为最优时,硅片的尺寸便成了影响超长碳纳米管大面积、批量化制备的唯一限制因素。这里所说的批量化是指提高单次间歇生产超长碳纳米管的产量,不仅要增加单一硅片的尺寸,也要增加单次生产所能容纳的硅片数量,为最终实现大面积工业级晶片尺度的超长碳纳米管生产起到有力的推动和促进作用。然而,目前一般采用的制备工艺中加热炉多使用管式炉,反应器为石英管[38-39,42,46,48,82-84],这种设备难以实现批量化目标。

　　究其原因,主要有以下三点:①由图 2.1(a)中用化学气相沉积法在管式炉内制备超长碳纳米管的示意图可见,硅片长度取决于恒温区长度。虽然这种限制已由"移动恒温区"设备改造的方法得到解决,但硅片宽度会受到石英管的尺寸的限制,最大为石英管的直径。而实验表明,当采用与石英管内径等宽的硅片时会扰乱管内流场,使得生长状况变差甚至不生长,因而实际硅片的宽度仅为石英管某一割线长度,这会严重限制超长碳纳米管的单次产量。而且,当同时放入多片硅片基底时,难以保证每一片硅片所处生长条件均为最优,这限制了单次容纳的硅片数量。另外,购置的原始硅片为直径为 100 mm 的近似圆形,放入管式炉内需经过繁琐的切割工序,将其裁成 5～10 mm 宽、40～100 mm 长的条形硅片(长度根据实验需要裁定)。这种裁剪过程不仅繁琐,而且容易在硅片表面留下划痕,也容易沾到空气中的灰尘等杂质,影响生长状况。如果能直接在购置的大面积硅片甚至更大的工业级晶片尺度硅片上生长超长碳纳米管,相信会是批量化制备超长碳纳米管的一项重大突破。②超长碳纳米管的生长过程对温度均匀性要求十分苛刻,要求有恒定的温度场,而管式炉具有两端开口的结构,内部温度场容易受到外界环境的扰动,恒温区长度(定义为当温控表设定在某一恒定温度时,管式炉温度浮动在 ±1℃ 以内的区域)总小于炉膛长度。实测一台管式电阻丝加热炉(Lindberg Blue M,Thermo Scientific)长度为 890 mm,恒温区长度为 360 mm,占总长的 40%。可见管式炉温度场并不足够恒定,要想在超长碳纳米管生长方面有进一步的突破,提高温度场均匀性是一大突破口。与管式炉相比,高温马弗炉具有全封闭的结构,一定的炉膛尺寸配合均匀分布的加热元件,依靠热辐射原理传热,可实现均一稳定的温度场分布。此外,马弗炉炉膛呈方形,这增加了可使用的反应器形状类型,有利于实现将购置的原始硅片直接生长的目标。③长条形硅片放置在石英管割线位置,除了限制生产规模外,另一突出问题是管内流场的不稳定性。前已述及,缩小硅片宽度,将硅片从石英管中央降低至下方割线位置有利于提高流场的稳定性,但终究无法避免气流通过硅片时被切断导致流场混乱这一事实。因此,提高流场的稳定性是改善超长碳纳米管生长的另一突破口。

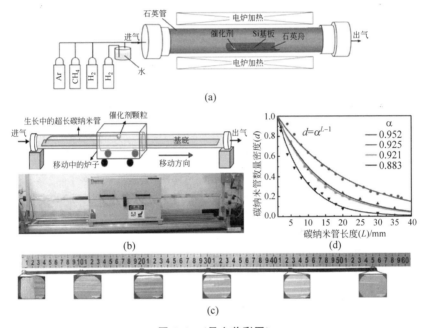

图 2.1 （见文前彩图）

（a）管式炉制备超长超长碳纳米管；（b）"移动恒温区"法制备米级超长碳纳米管装置；（c）制得的长达 550 mm 超长碳纳米管样品[39]；（d）超长碳纳米管长度与数量密度关系

可见,要想继超长碳纳米管一维宏量化目标实现后,向二维宏量化方向,即超长碳纳米管的批量化生产方向发展,有必要对反应器及加热设备进行改造。结合控制均一稳定的温度场和流场的目标,本书提出设计新型批量化生产超长碳纳米管设备的理念,即在马弗炉中用长扁形反应器批量化生长超长碳纳米管。

2.2　晶圆级超长碳纳米管制备装置设计

要想在长扁形反应器中直接放入多片大面积基底制备超长碳纳米管,必须重新设计反应器。除了要考虑优化反应器结构以改善超长碳纳米管的生长状况外,由于原料气中含有氢气、甲烷等易燃气体,所以整个反应过程的安全问题也是设计反应器的重要考虑因素之一。本部分内容将结合本质安全、优化反应器结构等设计理念针对反应系统中的马弗炉及反应器的设计进行细致说明,并结合流体力学原理分析说明反应器内的流体流动情况。

2.2.1　反应炉设计

由于制备工艺对反应过程恒温性有较为严格的要求,应保证反应过程中温度波动$<\pm1℃$,因此在设计和选购马弗炉时也格外重视。表 2.1 针对市场调研过程中主要交流的三个厂家给出调研结果,最终确定与西尼特(北京)电炉有限公司合作定制 ZSX-24-14 型非标高温反应炉产品。

表 2.1　反应炉性能指标调研结果

厂　　家	加热元件	加热功率/kW	最高加热温度/℃	控温精度/℃	加热方式
中国科学院上海光机所光电子材料仪器设备事业部	电阻丝	>30	1200	±5	两面加热多点控温
西尼特(北京)电炉有限公司	硅碳棒	24	1400	±1	三面加热单点控温
洛阳市博莱曼特试验电炉厂	硅碳棒	38	1400	±1	三面加热多点控温

马弗炉的结构如图 2.2 所示,整体尺寸为 1585 mm×1425 mm×860 mm,炉膛尺寸为 1000 mm×300 mm×300 mm。产品以进口硅碳棒为加热元件,最高加热温度可至 1400℃,额定加热温度为 1350℃。加热元件在方形炉膛内均匀排布,三面加热,实现温度场均匀分布。由于加热元件排布均匀,故只采用单点控温。整个温度控制和设定过程由马弗炉自带的 40 段可编程温度控制器完成,可实现自动升温、保温和降温。由于反应原料含甲烷、氢气等易燃气体,后壁设置进气口和出气口用来通入和排放惰性气体以排除炉膛内的氧气。此外,反应过程对压力变化同样十分敏感,要求压力波

动范围<±1 Pa,因此配置压力表指示压力变化,如图 2.2(b)所示。

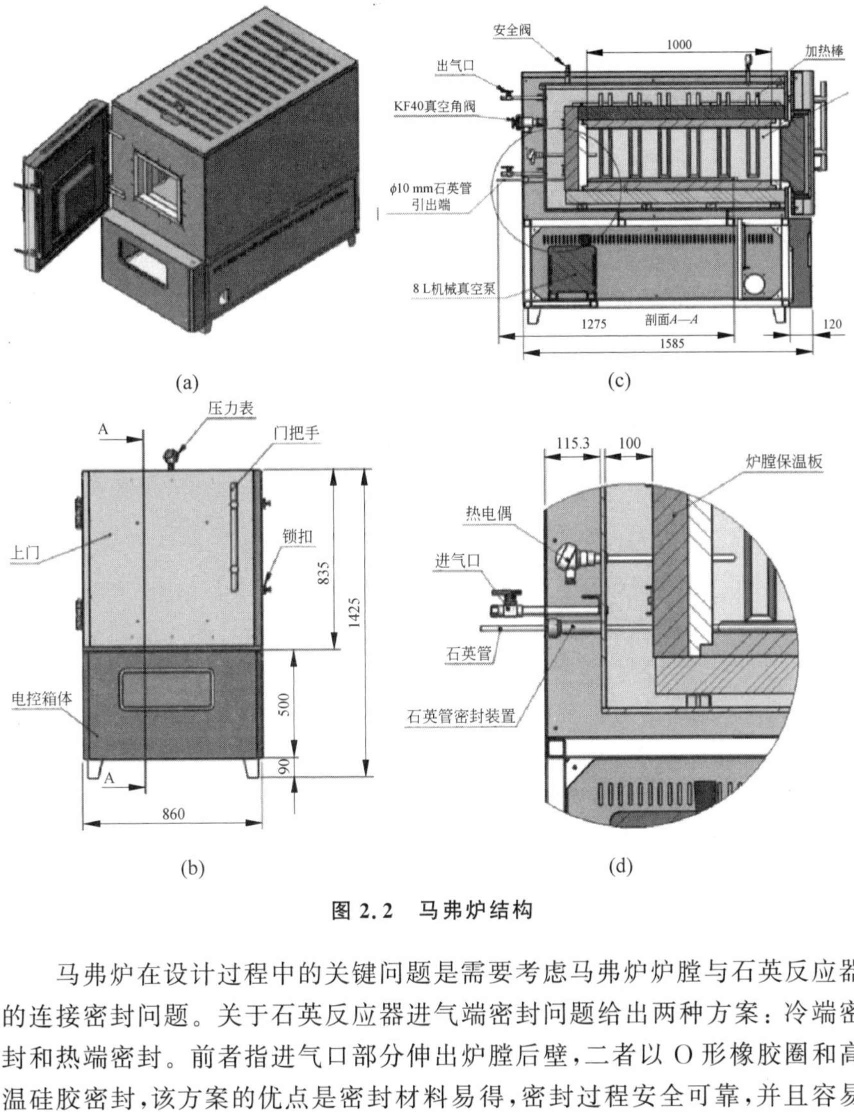

图 2.2　马弗炉结构

马弗炉在设计过程中的关键问题是需要考虑马弗炉炉膛与石英反应器的连接密封问题。关于石英反应器进气端密封问题给出两种方案:冷端密封和热端密封。前者指进气口部分伸出炉膛后壁,二者以 O 形橡胶圈和高温硅胶密封,该方案的优点是密封材料易得,密封过程安全可靠,并且容易拆换石英反应器,缺点是需要在炉膛后壁面钻孔,影响内部温度均匀性;后者指整个石英反应器置于炉膛内,在内部完成密封,该方案的优点是可保证炉膛内部的温度均匀性,缺点是耐高温密封材料价格昂贵,而且部分进气管路接入炉膛内部,长期承受 1000℃以上高温易导致管材受损而漏气,造成安全隐患。综合比较两种方案,最终决定采用冷端密封。图 2.2(d)中"石英管"即为石英反应器进气管口。

2.2.2 反应器结构设计

对于气相反应,反应器的结构直接影响气流分布的均匀性和停留时间长短,而超长碳纳米管制备过程对气流分布和气速有特定的要求。针对传统石英管反应器在制备过程中存在的不足,结合制备工艺中对气流分布的要求设计新型反应器,并根据前人针对最优反应气速的研究结果,按照气速不变原则给出具体设计尺寸。

反应器的管壁由化学性质稳定、耐高温石英材料制成,其具体结构如图 2.3 所示。反应器包括预热区(①进气端;③长直管;④弯角管)、整流区(④弯角管;⑤带焊缝隔板;⑧石英棉)、生长区(⑥生长基底;⑦催化剂)、恒温区(整流区和生长区之间部分)、出口区(②出口端)。其中,预热区为一长度为 1170 mm、内径为 20 mm、壁厚为 2 mm 的圆管。圆管形预热区插入大面积流体通道的下层通道,并与下层通道上下壁面相切。大面积流体通道截面尺寸为 120 mm×14 mm,表面平整度误差小于 0.5 mm。所述整流区可用节流分布板、填充填料、毛细管簇或栅网使气流分布均匀。本设计方案中,整流区分为两部分。一部分为预热区圆管插入大面积流体通道部分,即④弯角管。在弯角管中间竖直插入一多孔栅板,多孔栅板结构如图 2.3(b)中 B—B 方向视图所示,多孔栅板孔径为 5 mm。在被栅板分隔的圆管形预热区面向气流流动的半圆柱形空间内塞满石英棉⑧作为填充填料。圆管形预热区面向气流流动一侧的壁面开有一排小孔,小孔孔径取决于反应器尺寸及气体流量,应满足大面积流体通道流动压降为过孔压降的

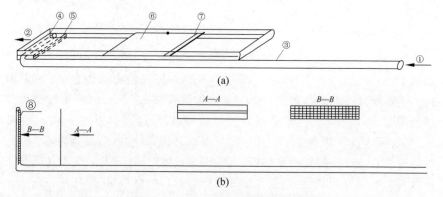

(a)

(b)

图 2.3 新型石英反应器结构示意图

30%。为使气流进一步分布均匀,圆管形预热区面向流动方向的前方 15 mm 处设置一个带 3 mm 狭缝的隔板,图 2.3(b)中 A—A 方向视图可看出其结构特征。所述恒温区长度大于 600 mm,并由一半圆弧形折流区连接上下层通道,曲率半径与大面积流体通道高度一致。所述生长区由催化剂和生长基底组成,基底可放置一个或多个,基底尺寸和数量取决于大面积流体通道尺寸。利用此反应器,可直接放入多片大面积生长基底,实现超长水平阵列碳纳米管在大面积基底上直接批量制备的目标。

为进一步说明设计尺寸的合理性,下面将通过流体力学边界层理论和平板间气流分布情况对反应器结构进行数学描述。

(1) 边界层厚度计算

标准状况下,氢气密度为 $\rho_{H_2}^{\Theta} = 0.089\ 85$ kg/m^3,甲烷密度为 $\rho_{CH_4}^{\Theta} = 0.717$ kg/m^3。取反应温度为 1000℃,则该温度下氢气密度 $\rho_{H_2} = 0.019$ kg/m^3,$\rho_{CH_4} = 0.154$ kg/m^3。取反应过程中 $V_{H_2} : V_{CH_4} = 2 : 1$,则混合气体的平均密度为 0.064 kg/m^3。

标准状况下,氢气黏度 $\mu_{H_2}^{\Theta} = 8.96 \times 10^{-6}$ Pa·s,甲烷黏度为 $\mu_{CH_4}^{\Theta} = 1.34 \times 10^{-5}$ Pa·s,按照幂指数定律 $\dfrac{\mu}{\mu^{\Theta}} = \left(\dfrac{T}{T^{\Theta}}\right)^n$,对氢气 $n = 0.68$,对甲烷 $n = 0.87$,由此得反应温度下氢气黏度 $\mu_{H_2} = 2.55 \times 10^{-5}$ Pa·s,甲烷黏度 $\mu_{CH_4} = 1.34 \times 10^{-5}$ Pa·s,混合气体的平均黏度按文献中给出的下面公式计算:

$$\mu_m = \frac{\mu_1}{1 + \dfrac{(x_2/x_1)[1 + (\mu_1/\mu_2)^{1/2}(M_2/M_1)^{1/4}]^2}{(4/\sqrt{2})[1 + (M_1/M_2)]^{1/2}}} +$$

$$\frac{\mu_2}{1 + \dfrac{(x_1/x_2)[1 + (\mu_2/\mu_1)^{1/2}(M_1/M_2)^{1/4}]^2}{(4/\sqrt{2})[1 + (M_2/M_1)]^{1/2}}}$$

其中,M 表示组分的相对分子质量。计算得到 $\mu_m = 4.1 \times 10^{-5}$ Pa·s。

取反应中通入甲烷量为 51.3 mL/min,则气体总量为 $Q = 51.3 \times 3 = 154$ mL/min,方形石英反应器的截面尺寸为 $S = 120 \times 12 = 1440$ mm^2,则反应气速为 $u = \dfrac{Q}{S} = 1.82$ mm/s。

按照方石英反应器设计参数,进料气体从入口端流向生长区流经的长度为 1.97 m,边界层雷诺数 $Re_x = \dfrac{\rho_m uL}{\mu_m} = 5.6 < 5 \times 10^5$,可见流动在层流边界层范围内。边界层厚度为 $\delta = 5L\, Re_x^{-0.5} = 5 \times 1.97 \times 5.6^{-0.5} = 4.16$ m,该数值远远大于方石英反应器截面高度 12 mm。

为说明流动充分发展后的流型,需要计算矩形流体通道的当量直径。一般地,对于各种无狭窄旁路、无锐角断面的非圆断面中的湍流流动,当量直径可用水力直径 $d_e = \dfrac{4 \times 流通截面面积}{润湿周边长}$ 近似代替,用此水力直径计算流动阻力和传热问题引起的误差极小,而对于层流流动则会引起较大误差。此处用水力直径近似代替当量直径来计算方石英反应器中矩形流体通道中流动过程的雷诺数只为说明流型,并不做阻力和传热计算。据此,当量直径

$$d_e = \frac{4 \times 120 \times 12}{(120+12) \times 2} \times 10^{-3} = 0.022 \text{ m},雷诺数 } Re = \frac{\rho_m u d_e}{\mu_m} = 0.063 < 2000,$$

说明为层流流动。

由雷诺数和边界层厚度远大于截面高度的结果可知,进口段形成的层流边界层直接在流道中心汇合,而后形成稳定的层流流动。由入口到生长区超长的流经路程使得流动有足够的时间充分发展,最终形成稳定的层流,更有利于超长碳纳米管的生长,如图 2.4 所示。

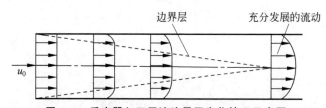

图 2.4　反应器入口层流边界层变化情况示意图

（2）反应器内气流速度分布

方石英反应器流体通道具有流道长、宽高比大的特点,其长度远大于高度,可建立如图 2.5 所示坐标系,近似认为流体只沿 x 方向做简单的一维流动。

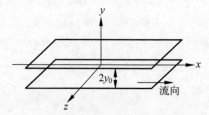

图 2.5　方石英反应器内部速度分布模型建立

假设流体为不可压缩流体,则有$\dfrac{\partial u_x}{\partial t}=0$,$u_y=0$,$u_z=0$,连续性方程简化为

$$\frac{\partial u_x}{\partial x}=0 \tag{2.1}$$

x 方向奈维-斯托克斯方程可简化为

$$\frac{\partial P}{\partial x}=\mu\left(\frac{\partial^2 u_x}{\partial y^2}+\frac{\partial^2 u_x}{\partial z^2}\right) \tag{2.2}$$

由于气体在进入生长区前经过多重整流区,近似认为气流在 z 方向上分布均匀,即$\dfrac{\partial u_x}{\partial z}=0$,$\dfrac{\partial^2 u_x}{\partial z^2}=0$,因此 x 方向奈维-斯托克斯方程可进一步简化为

$$\frac{\partial P}{\partial x}=\mu\frac{\partial^2 u_x}{\partial y^2}=\mu\frac{\mathrm{d}^2 u_x}{\mathrm{d}y^2} \tag{2.3}$$

分析 y 方向和 z 方向的奈维-斯托克斯方程可分别得到简化公式:

$$\frac{\partial P}{\partial y}=\rho Y=-\rho g \tag{2.4}$$

$$\frac{\partial P}{\partial z}=0 \tag{2.5}$$

说明 $P(x,y)$ 仅为 x 和 y 的函数,对式(2.4)积分得:

$$P(x,y)=-\rho g y+f(x) \tag{2.6}$$

再对 x 求偏导,得:

$$\frac{\partial P(x,y)}{\partial x}=\frac{\mathrm{d}f(x)}{\mathrm{d}x} \tag{2.7}$$

说明$\dfrac{\partial P(x,y)}{\partial x}$仅为关于 x 的函数,要想$\dfrac{\partial P(x,y)}{\partial x}$同时满足式(2.3)和式(2.7),则

$$\frac{\mathrm{d}^2 u_x}{\mathrm{d}y^2}=\frac{1}{\mu}\frac{\mathrm{d}P}{\mathrm{d}x}=C(C \text{ 为常数}) \tag{2.8}$$

边界条件(B.C.)为 $y=y_0$ 时,$u_x=0$; $y=0$ 时,$\dfrac{\mathrm{d}u_x}{\mathrm{d}y}=0$。再结合平均流速的定义

$$u=\frac{Q}{S}=\frac{2\displaystyle\int_0^{y_0} u_x\,\mathrm{d}y}{2y_0} \tag{2.9}$$

最终解得方石英反应器矩形流体通道内速度分布为

$$u_x = \frac{3u}{2y_0^2}(y_0^2 - y^2) \tag{2.10}$$

由此可看出，反应器内生长区部分的速度分布与圆管内速度分布相似，同样呈抛物线形分布，如图 2.6 所示。

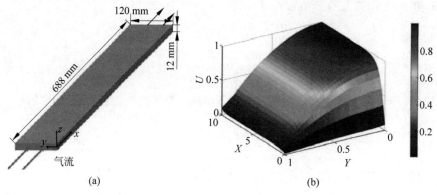

图 2.6　方石英反应器内的流速分布（见文前彩图）

(a) 计算建模用反应器结构模型；(b) 在 Matlab 8.0 上用有限元法计算的流速分布

2.3　晶圆级超长碳纳米管制备装置搭建与调试

装置的搭建在整个生产过程中同样重要，各设备之间的连接是否恰当，对原料流量和反应过程中温度、压力等条件的控制是否得当，连接件密封情况等均会对实际生产造成重大影响，更严重的，还会引发一系列安全问题。本节将将对最终搭建而成的批量化生产装置及各设备之间的连接关系进行介绍，同时阐述设备搭建好后对控制系统、设备调试的部分工作，最后对整个生产装置给出初步的安全评价分析。

2.3.1　制备装置与过程控制

本节对实验过程中实际使用的设备进行详细介绍。图 2.7 所示为定制的高温马弗炉及石英反应器实物图，其中图 2.7(a) 为马弗炉实物图（西尼特(北京)电炉有限公司，最高加热温度为 1400℃），其中温度由自带的可多段编程温控表控制。图 2.7(b) 为本实验所用的反应器实物图，反应器表面发红的颜色是由于使用时间较长，壁面上留有的铁催化剂经空气氧化后变成铁的氧化物而呈现的颜色,而表面发黑的颜色是长期反应过程中通入碳源高温裂解在反应器壁面沉积的结果。另外,反应器左侧的细管起到导引气流作用,用以导出部分尾气进行分析。在设备调研和采购期间,也对气相色谱进行了设计和定制,根据对反应尾气离线取样分析的结果定制了型号为 Agilent 7890B 的气相色谱,检测器为两个热导检测器(thermal conductivity detector,TCD),用于分析氢气、一氧化碳、二氧化碳等常规气体,以及一个火焰离子化检测器(flame ionization detector,FID),用于分析碳源及其裂解产生的其他烃类物质。

(a)　　　　　　　　　　　　　　　(b)

图 2.7　定制马弗炉及反应器实物图

(a) 马弗炉;(b) 石英反应器

在前期研究中发现,对于不同反应原料组成,尾气组成差别非常大。Zhou 等研究发现,甲烷裂解会产生 C_2H_2 和 C_2H_4,并用 Diels-Alder 有机反应原理解释了碳纳米管生长过程中的延伸和终止[57]。Liu 等在用甲烷作碳源制备超长碳纳米管时发现,在碳源中掺入少量乙烯可大幅提高产量[37],这说明甲烷裂解产物中存在乙烯,加入适量乙烯到反应原料中可改变化学反应平衡,控制好乙烯的量可使反应转化率达到最优值。

由此可见,对尾气成分的检测是十分必要的。随着实验参数的改变,超长碳纳米管的形貌发生变化,而尾气成分也会相应发生变化,这两者之间存在某种必然的联系。利用气相色谱对尾气成分进行在线检测分析,并结合物料进出平衡关系可实现对制备超长碳纳米管反应更为全面深刻的认识。

图 2.8 为实验过程中使用的流量控制系统。整个流量控制由可编程逻

辑控制器(programmable logic controller,PLC)实现信号指令的发送与接收。当在计算机操作界面上某一支路流量输入一设定值(set point,SP)后,指令传输给气路控制系统中的流量控制器,相应调整电磁阀开度。同时,流量控制器还会实时监控流量变化情况,将实际流量以信号传送给计算机控制终端,显示为实际值(practical value,PV)。通过流量控制器检测到的实际流量与设定流量的差值,控制器自动按照比例、积分、微分控制原理进行相应整定。此控制软件同时具备流量记录功能,可调出流量变化曲线随时查看反应过程中流量变化情况。

图 2.8   实际使用的流量控制系统及软件操作界面

反应过程中的温度控制由马弗炉自带的 40 段可编程控制温控系统实现自动控制。反应前设定好相应程序,马弗炉可自动进行升温、保温和降温。原理与流量控制大致相同。设定程序后,马弗炉运行过程中,由马弗炉自带的铂热电偶实时监测炉膛内温度变化,并将监测信号转化为标准信号传输给温控表显示。当实际温度与设定温度不符时,控制器自动按照比例、积分、微分控制原理进行相应整定。

图 2.9 为反应装置实际连接图。其中图 2.9(a)为马弗炉后壁面连接情况。如前所述,反应器与马弗炉之间采用冷端密封方式,反应器进气口部分伸出炉膛后壁,二者以 O 形橡胶圈和高温硅胶密封,如左端伸出管口所示。右侧引流管以相同密封方式伸出炉膛后壁面。两管口中间为一伸入炉膛内部的热电偶。图 2.9(b)为马弗炉内部构造。为使反应器在反应过程中受热均匀,石英反应器由一石英支架架起位于炉膛中央位置。炉膛采用

三面加热,周围为均匀分布的硅碳棒加热元件。图 2.9(c)为氧浓度分析仪,用于指示反应过程中炉膛及反应器内氧浓度含量。由于反应过程在高温下进行,原料气体为碳源和氢气等易燃易爆气体,氧浓度分析仪在反应过程中起到确保实验安全和避免样品氧化烧蚀的作用。氧浓度分析仪带有自动报警功能,当氧浓度高于报警范围时,应加大保护气氩气流量,低于报警范围时可采用较低流量以节省原料,设定报警值应考虑预留一定安全值。图 2.9(d)为超级恒温水浴。研究表明,在原料中通入一定量水蒸气有利于超长碳纳米管的制备[42,85]。水蒸气向反应体系的带入采用氢气鼓泡的方式,具体做法是将氢气的一个支路通入水槽鼓泡带出水蒸气,通过调节另一支路氢气的流量控制氢气总量不变。水蒸气在氢气中的含量为常压、室温条件下的饱和蒸汽压,由于温度对水的饱和蒸汽压有很大影响,因此采用超级恒温水浴维持反应过程中水温恒定。

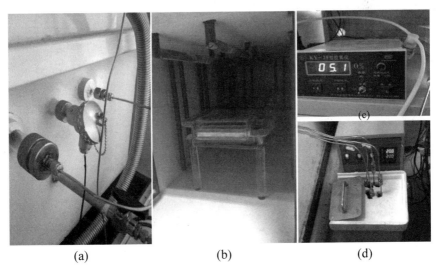

图 2.9　反应装置实物图

(a) 马弗炉后壁面;(b) 马弗炉炉膛内部结构;(c) 控氧仪;(d) 超级恒温水浴槽

2.3.2　设备调试与整定

为了更好地发挥装置在整个实验过程中的作用,在正式投入实验使用前进行了一系列调试和试运行工作,主要包括管路连接处检验漏点、流量标定和马弗炉升降温实验。整个反应为气相反应,气体流量在反应过程中至关重要。管路连接情况关系到进入反应体系流量的准确性和实验安全性等关键问题,因此有必要检测管路连接部位的密封性。实际检测过程先用肥皂液对连接部位进行初步检测,若无明显气泡产生,说明密封性较好。随后,应进行更为精细的检测,用皂泡流量计对局部管路出口处流量进行标定,标定流量与实际设定流量进行比对,若误差大于 0.05 mL/min,则需要做进一步漏点排查,直至确保各段管路连接处密封优良。

在实际使用过程中,尽管密封性可以做到十分精细,但往往还会存在微小漏点,而且流量控制器在指示实际流量时也会存在一定偏差,因此有必要对流量进行进一步标定。标定流量时需要对每一支路分别标定,因为每一支路对应不同流量控制器。实验通过计算机控制界面给定从低到高设定值,在管路出口端用皂泡流量计测定实际流量。因为标定过程针对同一流量控制器,各设定值与实际值间呈线性关系,根据实验数据拟合得到设定值与实际值函数关系,以便指导后续设定流量参数。具体实验结果如图 2.10所示。

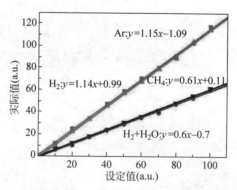

图 2.10　流量标定实验结果

根据设定值与实际值拟合的函数关系,可使进入反应系统中的气体流量得到准确控制。马弗炉升降温特性与自身性能有关(图 2.11),实际设定温度程序时应根据其升降温特性合理设定程序。在正式实验前,对马弗炉升降温特性进行实验测试,得出温度随时间的变化关系,进而计算得到马弗炉升温速率,以便指导后续实验时温度程序的设定。

由马弗炉升降温曲线可以看出,该型号马弗炉具有较快的升温速率,最快升温速率可达到 70℃/min。为了安全起见,实际升温速率选定在 30～40℃/min。然而其降温速率是极慢的,这与其较好的保温性能有直接关系,实际要求马弗炉应降温至 400℃以下才可以取出样品,从反应温度(约

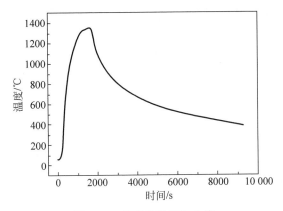

图 2.11　马弗炉升降温曲线

1000℃)降至 400℃以下用时 2～3 h,加上反应前升温预处理和实际反应时间,总共耗时 5 h 左右。

2.3.3　装置安全性分析评价

由于反应在高温下进行,且原料中含有甲烷和氢气两种易燃易爆气体,因此需要对装置的安全问题进行分析评估。下面将针对反应过程中可燃性气体含量及燃烧极限关系进行计算说明,判断反应过程中的安全问题。

(1) 反应温度下混合可燃气燃烧极限

查表得到表 2.2 所示物性数据。

表 2.2　物性数据表

物质	LFL(体积分数)/%	UFL(体积分数)/%	ΔH_c/(kcal/mol)
氢气	4	75	−68.308
甲烷	5.3	15	−212.787

假设反应温度为 1000℃,应用下面公式计算反应温度下单一组分气体的燃烧极限。

$$\mathrm{LFL_T} = \mathrm{LFL_{25}} - \frac{0.75}{\Delta H_c}(T - 25) \tag{2.11}$$

$$\mathrm{UFL_T} = \mathrm{UFL_{25}} + \frac{0.75}{\Delta H_c}(T - 25) \tag{2.12}$$

计算得到在 1000℃下,氢气的燃烧极限为 $\mathrm{LFL_{H_2}} = 14.71$, $\mathrm{UFL_{H_2}} = 64.29$,甲烷的燃烧极限为 $\mathrm{LFL_{CH_4}} = 8.74$, $\mathrm{UFL_{CH_4}} = 11.56$。

假设反应原料中 $H_2 : CH_4 = 2 : 1$(体积比),则混合可燃气体的燃烧极限可用下面公式计算:

$$LFL_{mix} = \frac{1}{\sum_{i=1}^{n} \frac{y_i}{LFL_i}} \tag{2.13}$$

$$UFL_{mix} = \frac{1}{\sum_{i=1}^{n} \frac{y_i}{UFL_i}} \tag{2.14}$$

计算得到混合可燃气体的燃烧极限为 $LFL_{mix} = 11.98$,$UFL_{mix} = 25.51$。

(2) 吹扫惰化

假定反应预处理和恒温阶段共计用时 70 min,以 300 L/h 向炉膛内通入氩气进行吹扫惰化,并假定氩气中含有 0.01%(体积分数)的氧气,炉膛内初始氧浓度为 21%,则预处理和恒温阶段结束,开始反应阶段时的氧浓度 C_2 可由下面公式计算。

$$Q_v t = V \ln\left(\frac{C_1 - C_0}{C_2 - C_0}\right) \tag{2.15}$$

计算得到 $C_2 = 0.44\%$,即进入反应阶段时,炉膛内氧浓度大致为 0.44%。

(3) 安全性验证

炉膛体积为 90 L,开始反应阶段时炉膛内瞬时氧气含量为 396 mL。假定反应过程中,通入甲烷为 50 mL/min,氢气为 100 mL/min,则在反应温度下,根据 $\frac{V_2}{V_1} = \frac{T_2}{T_1}$,计算得到甲烷为 213.6 mL/min,氢气为 427.2 mL/min,则瞬时可燃气实际含量为 62%,超过此时混合可燃气体燃烧上限,说明反应过程以此流量通入可燃气并无安全问题。然而,在高温反应条件下,很难保证炉膛内不会发生倒吸氧气的现象,因此在整个反应阶段应当维持惰性气持续通入。

2.4　小　　结

本章分析了用管式炉和石英管反应器制备超长碳纳米管工艺中存在的问题,主要包括管式炉恒温区长度受限、硅片在石英管反应器内扰乱流场、单次间歇生产能容纳的硅片尺寸和数量受限。基于这些问题,提出从改进加热设备和反应器的角度实现超长碳纳米管二维宏量化。反应器设计依据前人研究探索的制备超长碳纳米管的工艺条件,设计了 1000 mm×300 mm×300 mm 炉膛尺寸的高温马弗炉和 900 mm×120 mm×14 mm 规格的微通道层流反应器,并通过流体力学理论论证反应器设计的合理性及内部气流流动情况。在设备搭建和调试过程中,采用可编程逻辑控制器和马弗炉自带多段可编程控制器分别对流量和温度进行实时监控和记录并对管路连接处等易泄漏部位实行漏点检测和排查。为了更为精确地调控反应过程中各项参数,对流量控制器进行标定并对马弗炉升降温规律进行实验分析,方便后续设定程序控制。最后对反应的本质安全问题通过相关计算进行论证性分析。

第3章　超长碳纳米管的生长机理及其在新型反应器中的可控制备

与聚团状和垂直阵列状碳纳米管相比,超长水平阵列碳纳米管具有十分狭窄的生长窗口,不仅对原料气纯度及配比、反应温度、反应压力、停留时间、水蒸气含量、气流均匀性、催化剂设计、反应基底等多种反应参数和条件敏感,而且对反应器具有不同程度的选择性。实验过程发现,新定制的反应器或清洗后的反应器一般很难制得超长碳纳米管,需要经过多次生长直至在反应器内营造稳定的生长条件和气氛时才能使超长碳纳米管的生长状况趋于稳定。有时,这种稳定的生长状况还会受到外界环境的干扰,如天气变化、气瓶更换、催化剂更换等因素的影响。这也是超长碳纳米管制备成为碳纳米管研究领域公认难题的原因。批量化制备超长碳纳米管涉及工程放大的理论,需要有科学实验的研究成果作为指导,更要有实际操作过程的经验总结,最终探索出工程放大的规律,为工业级生产提供理论支持。本章在自行搭建和设计的反应装置基础上对批量化制备超长碳纳米管过程中的参数控制、制备方法进行探究,希望为最终实现工业级制备提供指导。

3.1　超长碳纳米管及其制备条件

本书采用的制备超长碳纳米管的方法是第1章中提及的气流导向作用的化学气相沉积法。在第2章中已提到,带有一定厚度氧化层的硅片基底有利于这种气流导向作用下漂浮超长碳纳米管的生长。另外,在早期的研究中发现,使用甲烷作为碳源[42]并在原料中掺入少量水蒸气[85]可明显减少反应过程中催化剂表面无定型碳的积累,提高催化剂反应活性。同时,通过大量优化条件实验探索,我们总结出原料中氢气甲烷物质的量比、反应温度、反应气速、水蒸气含量均会对催化剂反应活性造成影响,并针对各影响因素探究出最佳反应条件[39]。这些研究成果对超长碳纳米管的批量化制备具有重要的指导意义。本书将把这种制备方法应用到批量化制备过程中,并在此基础上,结合新型反应器结构特征,总结出利用新型反应器批量化制备超长碳纳米管的特有方法和规律。

3.1.1　超长碳纳米管的制备条件

关于超长碳纳米管的制备装置在第 2 章中已进行详细描述，此处不再进行赘述。本节将针对其他实验材料的准备、处理和具体反应流程做详细说明。

（1）基底的准备

本书采用的基底是购于北京大学微电子所的 4 in 单晶硅片，其表面带有 800 nm 氧化层厚度的 SiO_2 氧化层。在使用之前，根据实验需要一般会将硅片切成 1～2 cm 宽、4～10 cm 长的矩形。为了保持基底的清洁，排除切割过程产生碎屑对硅片的污染，在使用之前需要依次用丙酮、乙醇、去离子水超声 5 min 进行清洗，然后立刻放入 300℃ 的电炉中进行干燥。此外，还需要注意将清洗好的硅片放置于清洁保鲜盒中进行保存，以免其表面吸附空气中的杂质。对于存放时间过久的硅片，在使用前同样需经历清洗步骤。

（2）催化剂的制备

本书中常用的催化剂前驱体为 0.03 mol/L $FeCl_3$ 的乙醇溶液。负载催化剂一般采用微接触印刷法[86]，利用硅橡胶浸渍少量催化剂溶液，在基底表面一端按压硅橡胶，使催化剂溶液压印在基底上。在反应前期高温下通入还原气的预处理阶段，催化剂前驱体被还原，生成 Fe 的纳米颗粒，这些 Fe 纳米颗粒就是生长超长碳纳米管所用的催化剂。

（3）反应条件

超长碳纳米管的制备流程和实验条件设置见表 3.1。首先将负载有催化剂前驱体的硅片放置在石英基板上，将石英基板置于反应器生长区，反应器出口端用一磨砂活塞塞住。然后向高温马弗炉炉膛内通入 Ar 作为保护气，流量为 300 L/h。对炉膛内氧浓度的监测采用带有自动报警功能的氧浓度分析仪，当氧浓度高于报警值时加大 Ar 流量，低于报警值时可采用较低流量以节省原料，设定报警值应考虑预留一定安全值。然后通过流量控制系统向反应器内通入氢气和氩气的混合气排除反应器内的空气，并使加热炉开始升温。当温度升至 900℃ 后，降低升温速度继续升温至 1000～1050℃，在这个阶段，催化剂前驱体还原为具有高反应活性的 Fe 纳米颗粒。为了保持反应过程的恒温性，维持反应温度恒定 20 min，然后将进料气体切换为甲烷和氢气的混合气，关闭氩气，此时，甲烷开始在催化剂颗粒上分解并生成碳纳米管。生长时间为 5～60 min(具体时间视实验要求而定)。碳纳米管生长结束后,将进料气体再次切换为氢气和氩气的混合气,并停止加热,使反应器温度缓慢冷却至室温,此时,整个制备过程结束。

表 3.1　超长碳纳米管的制备流程

时间 /min	温度 /℃	Ar/ (mL/min)	H_2/ (mL/min)	CH_4/ (mL/min)	H_2O/% (体积分数)
0→45	室温→900	50	100	0	0
45→60	900→1000～1050	50	100	0	0
60→80	1000～1050	50	100	0	0
80→85～140	1000～1050	0	55～145	30～65	0.2～1.2
反应结束	1000～1050→室温	50	100	0	0

3.1.2　超长碳纳米管形貌

　　超长碳纳米管遵循自由生长机理,在气流导向作用下水平定向排列。由图 3.1(a)可见其水平阵列排列形貌。左端呈大面积白色区域为催化剂区,在此区域内,碳纳米管的密度最高,但许多碳纳米管较短,受气流导向作用弱,因此排列随机。其具体形貌特征如图 3.1(b)所示,碳纳米管随机缠绕分布阻碍了碳纳米管的伸长生长,最终影响超长碳纳米管的排列密度,并且该区域内的碳纳米管受到催化剂的污染严重,最终很难得到实际应用。在远离催化剂区 5～8 mm 范围内为短碳纳米管区,此区域内碳纳米管仍保持较高密度,且较催化剂区而言,这部分碳纳米管呈现出水平阵列的形貌特征。在远离催化剂区 8 mm 以外的区域为超长碳纳米管区域,此区域内碳纳米管水平阵列的密度最低,且随着长度增加,阵列密度逐渐降低。如图 3.1(c)所示为超长区域内碳纳米管形貌,可见这部分相邻两根碳纳米管之间相距较远,且呈现很好的平行排列,部分距离较近的超长碳纳米管在漂浮过程中受到气流扰动而缠绕在一起形成碳纳米管束。在早期的研究中发现,碳纳米管的长度分布与催化剂活性概率直接相关,并满足原本用来描述高分子链长度分布的 Scholz-Flory 分布函数[39],即 $P_L = \alpha^{(L-1)}(1-\alpha)$,其中 α 为催化剂的活性概率,P_L 为碳纳米管长度达到 L 的概率。可见,超长碳纳米管的长度满足最可几分布,催化剂活性概率越高,长度越长。

　　所制备的碳纳米管为少壁碳纳米管,主要为单壁、双壁和多壁碳纳米管,通过调整反应参数和条件,可以实现三种壁数碳纳米管的比例调控。三种碳纳米管的典型形貌如图 3.1(d)、(e)、(f)所示,由透射电子显微镜图像可见其明显的中空管状结构。

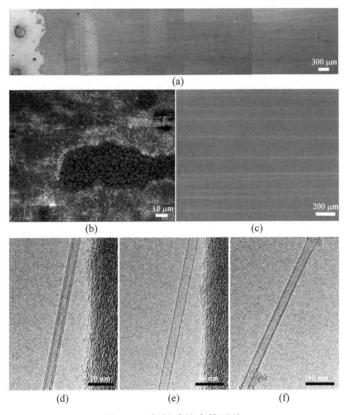

图 3.1　超长碳纳米管形貌

(a) 超长碳纳米管拼图;(b) 催化剂区碳纳米管形貌;(c) 超长区碳纳米管形貌;

(d) 三壁碳纳米管;(e) 单壁碳纳米管;(f) 双壁碳纳米管[39]

3.2　超长碳纳米管的生长机理

3.2.1　液相催化剂的定向进化选择性控制

　　碳纳米管的生长是个自催化生长过程,即生成的碳纳米管同时也会作为催化剂,进一步催化后续碳纳米管的生长。并且,后续生长的碳纳米管只能以前续碳纳米管的端口为模板,以类似 DNA 复制的方式生长,从而为实现碳纳米管手性一致性创造了条件。同时丁峰等提出的碳纳米管的螺旋生长模式[87]也被广泛地证明,许多实验证据显示不对称手性的碳纳米管会在生长一段时间后表现出定向进化的特征。这类自催化、非对称催化生长、模板作用下的螺旋生长与进化带来的碳纳米管手性的选择性均是在碳纳米管生长过程中自发实现的,因而有理由更进一步地思考碳纳米管的生长过程是个类生物进化的过程。自达尔文提出生物进化的思想以来,人们将物质世界划分成两个完全不同的世界,一个是非生物的,符合目前的基本物理与化学规律,并且其运动发展趋势和方向符合热力学第二定律,即指向熵增的方向。另一个是生物的,其运动发展趋势遵循由达尔文所提出的进化论的方向,即远离热力学平衡,永远指向更复杂、有序进化的方向,这与非生物体截然相反。目前关于生命起源的问题自从薛定谔在 20 世纪 30 年代提出后,虽然至今为止分子生物学有了飞跃性的进展,但利用现代的物理化学知识还是无法回答为何生命体会走向有序、熵减与进化的方向。

生态系统是一个由物质与能量相互作用形成的有机整体,与一般物质系统不同,由于具有远离热力学平衡的发达组织和结构,这个系统是一个从环境逐渐走向复杂、有序并可以进化的系统[88]。这使得系统内的物质在进化和演变的进程中,能够有方向性地逐步改变以便增加反馈和自催化[89]。其中,生命物质可以实现长程稳定的不对称自催化,即从分子到器官的各个层次进行自我复制,并且在繁殖的过程中生成的手性产物也作为该反应的催化剂,从而使得单一手性对映体能够在与环境的非线性响应进化过程中被系统选择[90-91]。同型的手性是生命物质赖以起源与存在的分子基础,一般由手性催化的 DNA、RNA 的模板来保证,如果手性混乱,生命的高度有序性将不可保障,生命物质将没有或仅有很低的生物功能,无法形成真正意义上的生命。然而,当今世界,人类对于物质结构的操纵能力达到了前所未有的高度,新材料制备方法层出不穷,从而使得人类能够精确控制物质的纳米结构甚至单个原子。材料的革新技术将对生物、能源、信息、环境等领域的技术进步和产业发展发挥举足轻重的作用。但是传统开发新材料的过程多采用还原论的方法并进行试错性实验,步骤繁琐,研发周期长,难以满足产业驱动的新技术高速更新迭代的需求。近年来,随着国际上对新物质研发的关注和投入的不断提高,并逐步发展形成自上而下的"理性设计"和自下而上的"定向进化"两条技术路线。这两条路线在材料设计中的策略比较如图 3.2 所示。

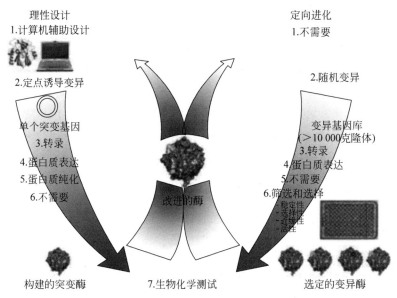

图 3.2 定向进化与理性设计在材料设计中的策略比较

理性设计策略是指将所有的实验数据和计算模拟数据整合起来,形成具有一定数量的数据库。在数据库中,根据材料的某些属性建立机器学习模型,便可快速对材料的性能进行预测,甚至是自上而下地理性设计新材料[92]。然而,在这一领域中,最大的困难是标记材料基因片段的因子种类繁杂,如原子在元素周期表中的位置、电负性、摩尔体积等。即使数据库的容量不断扩增,也无法涵盖全部材料的构效关系,难以精确地建立材料结构与功能之间的关系。比较而言,定向进化策略具有更高的设计效率[93],这其中最核心的思想是利用生物界在动态生长迭代过程中的自发熵减及进化收敛性的反热力学第二定律特征。在这一思路下,研究者不需要针对材料的工作机理和构效关系做出假设,而是利用生物进化的原理,经过多轮筛选,从突变文库中选择出具有所需特性的材料。与理性设计策略相类似地,定向进化在实施前同样需要建立一个由随机试验产生的庞大数据库。具体地,对于氨基酸而言,首先构建基因片段随机变异的突变文库,然后让不同结构的氨基酸表达出蛋白质,并针对蛋白质的特定功能对其进行筛选,从而获得符合要求的突变体进入下一轮。通常,这些突变体带有能表达出具有所需特性蛋白质的突变基因。之后,在所获得的突变体基础上进行进一步突变,构建新的突变文库,再进行下一轮筛选。这样,经过多轮选择或筛选的过程,就有可能得到设计者所期望的最终产物。近年来,研究人员成功运用定向进化技术设计出具有不同活性和抗性的酶[94-96],从而满足不同极端条件下的工业应用。此外,还将其扩展到农作物育种领域,结合基因编辑技术提高或改变农作物的除草剂抗性、光合作用、生物性与非生物性压力抗性[97]。可见,人们正尝试采用另一种完全不同于现代科学的方法——类生物的宏观进化方法,即生物体进化是有序、熵减与收敛的,利用生物体的进化开发新型的生命物质用于化学合成工业,从而合成单纯使用化学合成方法难以经济性地实现其合成的产物,这种方法往往比还原论的方法更有效,具有很强的应用潜力。

　　然而,当前通过定向进化技术实现材料性能的调控与构建仍停留在作为生命体核心的氨基酸分子水平。直接在控制其遗传信息的链式原子骨架水平上实现手性结构和性能的精准调控是一项更为高效却艰巨的挑战。对于非生命体甚至是无机物的碳,是否也存在类似的自催化、螺旋生长及进化过程呢? 目前为止,虽然人们认识到了大量的碳自催化过程及非对称自催化行为、手性生长特征,但关于这类非生命体的进化生长还很少涉及。碳是构成生命的基础元素,最简单的碳原子链式组合便是碳纳米管。精准调控碳纳米管的手性不仅有利于发挥其本征优异的光、电、力和热学性能,对于生命信息碳骨架的解构与认知更有极大的推动作用。如果将碳纳米管的手性视为生命体的性状,那么决定其准确表达的遗传信息在于催化剂与碳纳米管种子接触界面的 sp2 碳边缘排列状态[98]。如果将采用界面匹配实现手性碳纳米管选择性制备比作理性设计策略,那么便要求催化剂具有多重对称的晶面结构以及合适的碳纳米管-催化剂界面能[53-54],然而这部分信息与手性之间对应关系的缺失给这种自上而下的调控方式带来了难题。另外,实际表达出的手性性状在后续动力学生长过程中也难以做到持续稳定并且完美地组装[99],这给宏量制备碳纳米管并展现其理论上的优异性能带来了巨大挑战。而对于液相催化剂,由于在高温反应阶段,催化剂处于熔融态,没有确定的晶面和形态,难以实现特定手性碳纳米管的可控制备,因此每种手性碳纳米管在液相催化剂表面成核的概率是相当的,这为采用定向进化法实现碳纳米管的选择性制备提供了庞大的等概率种群变异数据库。每一根手性不同的碳纳米管在催化剂作用下进行碳原子对的组装和伸长生长,每一次碳原子对组装后都会产生新一代碳纳米管。这一代碳纳米管所具有的活性将成为新的筛选因子,决定能否继续实现下一次碳原子对的组装和迭代生长。如此循环往复,形成了类似自然选择的有效机制。在这一过程中,碳纳米管的端口发挥着自催化剂与形成手性的模板作用,对稳定的碳纳米管螺旋生长起到了重要作用。我们认为,最终获得的超长碳纳米管会表现出集群效应,展现相近的结构属性和性能特征,由此建立基于液相催化剂的定向进化选择机制。这种策略为不确定催化剂与碳纳米管界面信息的体系及结构更为复杂的多壁碳纳米管提供了一种有效的筛选和自发分离机制。

3.2.2　顶部生长超长碳纳米管的传质双球动力学模型

定向进化措施揭示了在随机的碳纳米管-催化剂界面匹配的热力学条件下,依靠动力学伸长生长实现碳纳米管自发的结构筛选和选择性制备。可见,碳纳米管的原子组装速度和终长度是决定其结构选择性并影响其性能的关键因素[30,100]。为了深入地分析超长碳纳米管的伸长生长行为,特别是在液相催化体系下超长碳纳米管的生长机制,建立了针对顶部生长的传质双球动力学模型,从本质的化工扩散过程揭示碳源分子的传质及转化对碳纳米管长度的影响。

催化生长模型如图 3.3 所示,假设碳源在催化剂表面裂解、扩散和生成碳纳米管的过程为一连续反应体系。在高温反应条件下,铁催化剂纳米颗粒处于固液混合状态,甲烷在高温下裂解得到碳和氢原子。假设固体催化剂颗粒表面覆盖有一层液态熔融层,由于 C—Fe 的杂化作用强于 C—H,所以只考虑碳原子在催化剂颗粒表面及内部的扩散,不考虑氢原子的作用。分密度为 n 的甲烷分子在催化剂作用下裂解得到碳原子,数量为 N_c,流量为 F_c。其中,N_B 个碳原子经外扩散溶于液态熔融层,形成一无序薄层,速率常数为 k_{sb}。薄层中 N_t 个碳原子扩散至催化剂与碳纳米管界面,用于支持碳纳米管伸长生长,扩散的速率常数为 k_t。另外,吸附在表面的碳原子有 N_L 个无法扩散进入熔融层,而在其表面形成碳壳层,用以毒化催化剂表面活性位点,部分壳层中的碳原子按速率常数 k_d 扩散进入熔融层。随着时间推移,碳纳米管的长度不断增长,并且碳壳层覆盖的面积不断扩大,当壳层覆盖大部分或全部活性位点时,碳纳米管的生长停止。需要指出的是,这里碳源分子在催化剂表面的外扩散为"拟外扩散"过程,由于催化剂颗粒太小,在分子自由程以下,并没有通常意义的边界层。为描述反应过程,这里借用宏观连续体系的外扩散概念来引出数学模型的构建。

表面扩散过程的碳原子流率为

$$\frac{dN_c}{dt} = -(k_{sb} + k_c)N_c + F_c\left(1 - \frac{N_L}{S_0 n_m}\right) \tag{3.1}$$

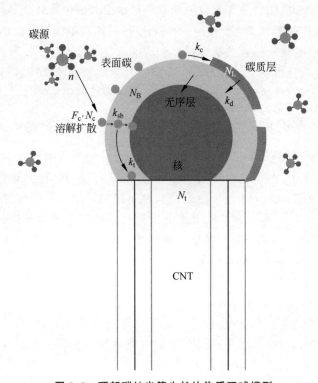

图 3.3   顶部碳纳米管生长的传质双球模型

其中，n_{m} 表示碳原子的面密度，S_0 表示催化剂颗粒表面积。
表面毒化过程的碳原子流率为

$$\frac{\mathrm{d}N_{\mathrm{L}}}{\mathrm{d}t}=k_{\mathrm{c}}N_{\mathrm{c}}-k_{\mathrm{d}}N_{\mathrm{L}} \tag{3.2}$$

熔融层中总的碳原子流率为

$$\frac{\mathrm{d}N_{\mathrm{B}}}{\mathrm{d}t}=k_{\mathrm{sb}}N_{\mathrm{c}}-k_{\mathrm{t}}N_{\mathrm{B}}+k_{\mathrm{d}}N_{\mathrm{L}} \tag{3.3}$$

碳纳米管的组装速率为

$$\frac{\mathrm{d}N_{\mathrm{t}}}{\mathrm{d}t}=k_{\mathrm{t}}N_{\mathrm{B}} \tag{3.4}$$

各个流率及动力学常数分别为 $F_{\mathrm{c}}=F_{\mathrm{b}}p\exp\left(-\dfrac{E_{\mathrm{a}}}{k_{\mathrm{B}}T}\right)$，$F_{\mathrm{b}}=\dfrac{1}{4}S_0n\left(\dfrac{k_{\mathrm{B}}T}{2\pi m}\right)^{\frac{1}{2}}$，

$k_c = A\exp\left(-\dfrac{E_c}{k_B T}\right)$，$k_{sb} = B\exp\left(-\dfrac{E_{sb}}{k_B T}\right)$，$k_t = \left(\dfrac{D_0}{R^2}\right)\exp\left(-\dfrac{E_t}{k_B T}\right)$。其中，$T$ 为生长温度，F_b 为甲烷裂解产物到催化剂表面的流率，A 和 B 为指前因子，E_c、E_{sb} 和 E_t 为扩散过程的活化能，D_0 为扩散系数。

为求解碳纳米管的终长度，假设碳纳米管的管壁数和管壁间距不变，即熔融层的厚度不变。同时，假设碳壳层向熔融层的扩散忽略不计，即 $k_d \ll k_{sb}$、k_c、k_t，则碳纳米管的终长度随时间的变化关系为

$$L(t) = N_t/z = Kk_t\left[\frac{1}{\gamma_2(k_t - \gamma_2)}\exp(-\gamma_2 t) - \frac{1}{\gamma_1(k_t - \gamma_1)}\exp(-k_1 t) + \right.$$

$$\left. \frac{1}{k_t(k_t - \gamma_1)}\exp(-k_t t) - \frac{1}{k_t(k_t - \gamma_2)}\exp(-k_t t)\right] + K\left(\frac{\gamma_2 - \gamma_1}{\gamma_1\gamma_2}\right)$$

其中，z 是单位长度碳纳米管的碳原子数，$K = \dfrac{F_c k_{sb}}{2Dz}$，$\gamma_1 = (m_1/2) - D$，

$\gamma_2 = (m_1/2) + D$，$D = \sqrt{\dfrac{m_1^2}{4} - m_2}$，$m_1 = k_c + k_{sb}$，$m_2 = \dfrac{F_c k_c}{S_0 n_m}$。当碳纳米管的生长接近终止时，即 $k_{sb} \ll k_c$，碳纳米管的长度可以简化为

$$L(t) = \frac{F_c}{z}\left\{\frac{k_{sb}S_0 n_m}{k_c F_c}\left[1 - \exp\left(-\frac{F_c k_c}{S_0 n_m k_{sb}}t\right)\right] - \frac{k_{sb}}{k_t(k_t - k_{sb})}\exp(-k_t t) + \right.$$

$$\left. \frac{k_t}{k_{sb}(k_t - k_{sb})}\exp(-k_{sb}t)\right\}$$

由此可得，碳纳米管停止生长的时间为

$$t_{term} = \frac{S_0 n_m}{F_c}\frac{k_{sb}}{k_c} \tag{3.5}$$

碳纳米管的终长度为

$$L_{term} = \frac{S_0 n_m}{z}\frac{k_{sb}}{k_c} \tag{3.6}$$

可见，碳纳米管的伸长生长主要取决于碳源在催化剂表面的外扩散和毒化过程，具体来说，取决于两个过程的活化能差异，$L_{term} \propto \exp[-(E_{sb} - E_c)/k_B T]$。另外，这一模型对于提高碳纳米管的长度而言也给出了更多的理论和策略指导。比如，可以采用较大的氢烷比和较小的碳源流量，从而减小 F_c，延长碳纳米管的生长时间；通入弱氧化剂以去除碳壳层，使催化剂表面保持较多的活性位点，进而提高 k_{sb}。同时一定程度上可以解释长碳纳米管一般具有较大直径的原因，只有直径较大的单壁碳管或多壁碳管才具有

更厚的熔融层,催化剂颗粒外表面积大,可以为碳源提供更大的吸附容量。

3.3　新型反应器内超长碳纳米管的可控制备

前已述及,超长碳纳米管具有十分狭窄的生长窗口,且对外界环境变化十分敏感,要想在新设计的反应器内稳定生长具有很大的难度,需要通过大量条件实验探究。要想最终实现在新设计的反应器内批量制备超长碳纳米管,首先需要探究在新设计的反应器内的生长条件,确保单个生长基底可以制备出超长碳纳米管。基于早期对于各生长优化条件参数规律的研究,在开展条件实验时,围绕最优值针对每一个单变量进行条件实验探究,最终总结出在新设计的反应器内制备超长碳纳米管的最优条件。

图 3.4 为早期在管式炉内针对单根超长碳纳米管生长参数对催化剂活性影响规律的研究结果[39],本书针对含水量、氢气甲烷比、气速进行条件实验探索,并针对新设计反应器的结构特征提出其他影响因素。

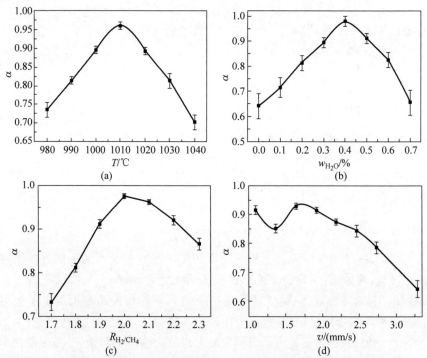

图 3.4　不同反应参数对催化剂活性概率的影响[39]

（a）反应温度影响；（b）含水量影响；（c）氢气甲烷比影响；（d）反应气速影响

3.3.1　含水量对生长的影响

在前面已经提到,在原料气中掺入一定比例的水蒸气,有利于消除超长碳纳米管制备过程中产生的无定型碳,改善碳纳米管品质。不同水蒸气含量下,碳纳米管生长形貌也不尽相同。因此,固定氢气甲烷比为 2.06,反应气速为 1.77 mm/s,反应温度为 1005℃,针对不同水蒸气含量 0.78%,0.6%,0.5%,0.55%,0.52%,0.4% 进行条件实验探究。关于含水量参数设置可用下面公式进行计算。

$$\frac{(101\,325 - p_{\mathrm{H_2O}}^{\mathrm{sat}}(T)) \times (V_{\mathrm{CH_4}} + V_{\mathrm{H_2}})}{1-n} = \frac{p_{\mathrm{H_2O}}^{\mathrm{sat}}(T) \times V_{\mathrm{H_2+H_2O}}}{n} \tag{3.7}$$

$$V_{\mathrm{H_2},t} = V_{\mathrm{H_2}} + V_{\mathrm{H_2+H_2O}} \tag{3.8}$$

$$\frac{V_{\mathrm{H_2},t}}{V_{\mathrm{CH_4}}} = \alpha \tag{3.9}$$

当给定甲烷量和氢气甲烷比 α 时,可得到氢气总量 $V_{\mathrm{H_2},t}$,$p_{\mathrm{H_2O}}^{\mathrm{sat}}(T)$ 为不同温度下水的饱和蒸气压,实验中一般选定温度为 20℃,对应水的饱和蒸气压为 2332.8 Pa,当针对水蒸气含量进行条件实验时,给定不同水蒸气含量 n 值,可相应确定需要通入的 $V_{\mathrm{H_2O}}$ 和 $V_{\mathrm{H_2+H_2O}}$。

具体实验结果如图 3.5 所示。

实验设立了 6 个梯度,但仅列出 4 个不同含水量的结果,其他实验结果均不理想,基本没有生长出碳纳米管的现象,因此不在此列明。由图 3.5 可见,当含水量为 0.78% 时,碳纳米管生长区域由原本仅在催化剂颗粒附近扩散到周边的基底表面,生长区域形态为雪花片层状,但排列不定向,说明生长仍局限在催化剂区。当含水量为 0.6% 时,碳纳米管生长区域扩散到短碳纳米管区,长度可达到 1.01 mm,但形状均为螺旋线形,这与碳纳米管长度短、受气流导向作用弱有直接关系。当含水量为 0.5% 时,开始出现超长碳纳米管,出现在基底表面的长度有 3.57 mm,并且一直延伸到基底末端,说明实际长度大于 3.57 mm,同时在局部区域可见水平阵列排布。当含水量为 0.52% 时,仍可见超长碳纳米管,其长度取决于基底长度,图 3.5(d) 所示为 7.2 mm,并且延伸至基底末端,说明其实际长度超过 7.2 mm,但水平阵列较少,密度不高,而且生长范围基本局限在基底边缘部分,说明生长状态并未达到稳定,需要对其他变量进行探索。

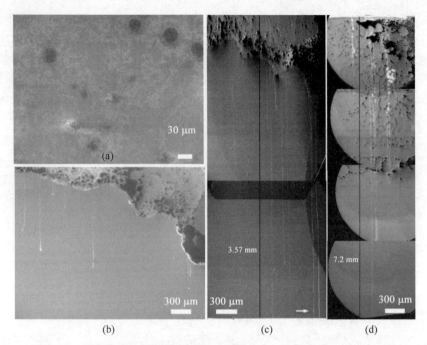

图 3.5   含水量条件实验结果(氢气甲烷比为 2.06,气速为 1.77 mm/s)

(a) 含水量为 0.78%; (b) 含水量为 0.6%; (c) 含水量为 0.5%; (d) 含水量为 0.52%

从含水量条件实验调变来看,其最优值在 0.46%~0.52%,且生长状况随含水量变化规律基本与图 3.4(b)中所示规律一致。

3.3.2   氢烷比对生长的影响

从本质上讲碳纳米管制备过程是甲烷高温裂解产生碳和氢气的过程。在碳源中掺入一定量的氢气有利于调节反应平衡,并且在第 2 章中已经提到,不同氢气与甲烷的比例下,裂解产物也不尽相同,说明反应产物的品质也会受到影响。因此,固定含水量为 0.5%,反应气速为 1.77 mm/s,反应温度为 1005℃,氢烷比梯度设置为 2.06,2.1,2.2,2.3。关于氢烷比条件实验在设定参数时的计算依据与含水量参数设置上基本相似,只不过将式(3.7)~式(3.9)中含水量 n 视为固定值 0.5%,调整不同的氢甲烷比 a 值,得到不同反应条件下的 V_{H_2} 和 $V_{H_2+H_2O}$。

具体实验结果如图 3.6 所示。由图 3.6 可见,随着氢烷比逐渐提高,整体生长状况呈现先上升后下降的变化规律。当氢烷比为 2.06 时,部分碳纳米管从催化剂区域延伸生长出来,密度较低。当氢烷比为 2.1 时,超长碳纳米管区域生长状况与氢烷比为 2.06 时的情况相近,但短碳纳米管区碳纳米管密度明显提高,且呈现局部阵列形貌。当氢烷比为 2.2 时,短碳纳米管区域碳纳米管密度进一步提高,超长碳纳米管区域碳纳米管长度和数量均有所提高。然而当氢烷比为 2.3 时,短碳纳米管区域和超长区域密度均突然降低,表明逐渐远离最优值。此外,氢烷比过高还会影响碳源的供应。

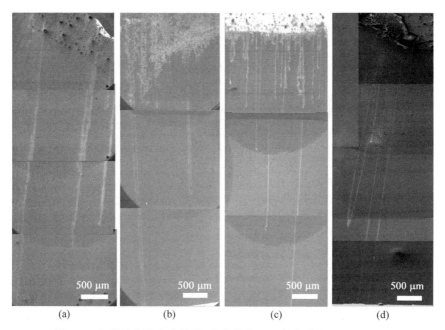

图 3.6　氢烷比条件实验结果(含水量为 0.5%,气速为 1.77 mm/s)

(a) 氢烷比为 2.06;(b) 氢烷比为 2.1;(c) 氢烷比为 2.2;(d) 氢烷比为 2.3

　　从氢烷比条件实验探究结果可见,氢烷比最优值在 2.06～2.2,在此范围内生长状况比较相近,当采用较高值时生长状况更好。其生长状况变化规律与图 3.4(c)中所示规律一致。

3.3.3　反应气速对生长的影响

　　反应气速对反应过程中气流的影响较为复杂。气速的大小主要会影响雷诺数和理查森数这两个表征流体流动的参数[101]。理论上讲,气速越低,雷诺数越小,流动越稳定(雷诺数的计算结果在第 2 章中给出),但气速低,理查森数大,影响碳纳米管在气流中的漂浮,而且过低的气速可能会造成原料供应不足。在本书中,固定氢烷比为 2.06,含水量为 0.5%,针对气速建立三个梯度:1.77 mm/s,1.9 mm/s,2 mm/s。关于气速条件实验在设定参数时计算同样依照式(3.7)~式(3.9),需要设定固定的氢烷比和含水量,通过实验气速和新反应器流体通道截面尺寸(120 mm×14 mm,基板厚度为 2 mm)计算总进料气体流量,再根据氢烷比和含水量计算得到各自的设定值。由于新设计的反应器截面尺寸较小,在考虑气速时应把硅片厚度考虑在内,大约为 0.5 mm,具体厚度与氧化层厚度有关。

具体实验结果如图 3.7 所示。

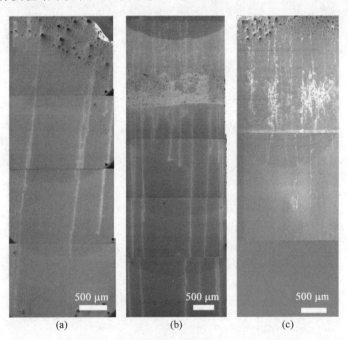

图 3.7   反应气速条件实验结果(氢烷比为 2.06,含水量为 0.5%)
(a) 反应气速为 1.77 mm/s;(b) 反应气速为 1.9 mm/s;(c) 反应气速为 2 mm/s

由图 3.7 可见,在实验气速范围内,随着反应气速的提高,生长状况同样呈现先变好再转差这样一种定性变化规律。当反应气速为 1.77 mm/s时,部分碳纳米管从催化剂区域延伸生长出来,催化剂区和短碳纳米管区密度均较低。当反应气速为 1.9 mm/s 时,催化剂区和短碳纳米管区密度均提高,阵列形貌相比 1.77 mm/s 时情况明显变好,超长区碳纳米管密度提高,长度增加。而当气速为 2 mm/s 时,短碳纳米管区出现缠绕现象,且超长区碳纳米管长度和数量明显降低,生长状况变差。从反应气速条件实验结果看,反应气速在 $1.9 \sim 1.95$ mm/s 为最优,且在此范围内进行微小变化对生长状况影响不大。

3.3.4　基底在反应器内位置对生长的影响

结合新设计的反应器结构特点,在实验过程中总结出一些其他影响生长的因素。其中,基底在反应器中生长区的位置对生长状况有影响。如果以反应器生长区出口端为坐标原点,生长区气流逆方向为 x 正方向建立一维坐标系,发现当 $x=515$ mm 时的生长状况并没有 $x=315$ mm 时的生长状况好,说明基底在生长区内的位置对生长状况有影响。实验结果如图 3.8 所示。

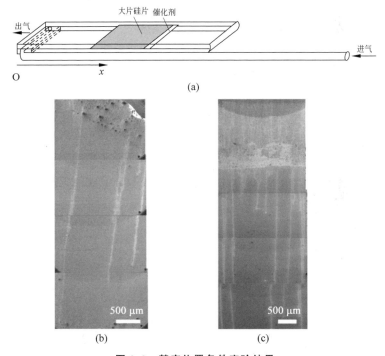

图 3.8　基底位置条件实验结果

(a) 新型反应器坐标定位示意图,反应器出口端为原点,生长区气流逆方向为 x 正方向;(b) $x=515$ mm 位置处实验结果;(c) $x=315$ mm 位置处实验结果

实验结果与新设计的反应器自身结构特征有直接关系,原料气在进入生长区前先经过一段大面积恒温区,而后经一段圆弧形过渡连接通道进入

生长区,气流经圆弧过渡区会造成一定程度的乱流,在进入生长区后需要一段时间恢复为平稳气流,因此,距离圆弧形过渡通道较远的位置气流更稳定,生长状况更好。

3.3.5 生长次数对生长的影响

经过多次实验发现,新反应器很难直接达到稳定制备超长碳纳米管的状态,需要经历几次反应后,生长状况趋于稳定时,才可连续稳定制备多次品质较好的超长碳纳米管。分析其原因,说明生长次数对超长碳纳米管的稳定生长有一定影响。从另一个角度看,生长次数直接影响的是反应器管壁沉积的碳量。随着反应次数增加,原本新的石英反应器壁面变得粗糙,使得管壁容易沉积一定量的碳和催化剂颗粒导致管壁发黑。我们发现,当管壁沉积的碳达到一定量时,可营造出稳定的超长碳纳米管生长环境,这时,超长碳纳米管的生长窗口变大,对反应条件的要求也没有原本那样苛刻,这一发现对于制备超长碳纳米管而言具有重要的经验指导意义。关于其生长次数的研究也有助于初步判断达到稳定生长状态管壁所需沉积的碳量。具体实验结果如图 3.9 所示。

图 3.9　生长次数条件实验

从左到右依次为新反应器第一次到第六次生长结果

图 3.9 给出了新反应器经历不同反应次数后的生长状况。可见,超长碳纳米管的生长状况随反应次数的增加逐渐变好,到第五次时生长状态达到稳定,基本可维持稳定生长状态十余次。然而,当反应次数继续增加,管壁沉积碳量过多时会导致生长环境变差,最终影响超长碳纳米管的生长,表现为密度突然降低。按照一般做法,这时应当进行空烧处理,即拆掉连接管路,让空气进入反应器进行高温焙烧,然后为了恢复稳定的生长状态,需要再次重复多次生长的方法,直至生长区域稳定,我们也把空烧后多次反应直至稳定生长的过程称为培养气氛。

另外,针对不同反应次数,还发现催化剂区的形貌会有明显变化。如图 3.10 所示,与图 3.9 相对应,当进行第二次反应时,催化剂区仅有催化剂颗粒团簇,而无明显的碳纳米管。当进行第三次反应时,催化剂区呈现雪花状碳纳米管团簇,碳纳米管生长范围由催化剂颗粒周围扩大至基底表面。当进行第四次反应时,催化剂区原本的碳纳米管团簇逐渐呈现阵列排布,而当反应进行到第五次时,催化剂区原本的碳纳米管团簇几乎完全转变为碳

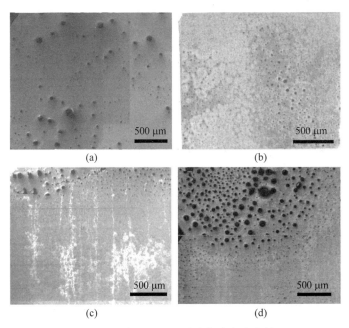

图 3.10　催化剂区形貌随生长次数变化情况

(a) 第二次生长时催化剂区形貌;(b) 第三次生长时催化剂区形貌;
(c) 第四次生长时催化剂区形貌;(d) 第五次生长时催化剂区形貌

纳米管阵列,而此时的生长状态也趋于稳定。可见,反应次数会影响反应器壁面上沉积碳的量,进而影响碳纳米管生长的环境。催化剂区的形貌特征与实际的碳纳米管生长状况之间存在直接联系。

3.3.6 反应器积碳与清洁方法对生长的影响

在 3.3.5 节中已经提到,随着反应次数的增加,反应器管壁会沉积一定量的碳,适量的碳沉积有利于营造稳定的生长环境,然而当沉积过量碳时便会使壁面过于粗糙,影响气流,使超长碳纳米管的密度突然降低。面对反应器积碳的问题,一般采用的方法是空烧,然而空烧后必须经历多次反应才能使生长状态重新恢复至稳定,这样既损耗成本,又损耗时间。针对反应器积碳后消碳和清洁问题,在实验过程中总结出两种有效方法。

1. 弱氧化法消碳

消除碳采用空烧办法的本质是利用碳在空气中燃烧生成气体的原理,本质上是碳的强氧化过程。而一般空烧后需要重新经历多次反应再次实现稳定生长,这说明用氧气强氧化除碳的方法过于剧烈。我们在高温下采用通入水蒸气的方法可部分消除反应器壁面上沉积的碳,通过控制水蒸气的量和通入时间可进行不同程度的消碳清洁处理,而且处理后初次生长即可达到稳定生长水平,甚至密度得到明显改善。

图 3.11 所示为水蒸气弱氧化处理后初次生长的超长碳纳米管形貌。图 3.11(a)为通入 35%(体积分数)的水蒸气高温处理 30 min 后再次生长时的实验结果,可见超长碳纳米管的长度和数量均得到明显改善。然而这种稳定生长状态仅维持 3 次左右,而后碳纳米管的密度突然降低。图 3.11(b)是通入 50%(体积分数)的水蒸气高温处理 70 min 后再次生长时的结果,尽管超长碳纳米管的长度和密度没有图 3.11(a)中的高,但稳定的生长状态维持了十余次以上,说明以此种方式通入水蒸气应是消碳量稍微偏多,远离了最优生长状态,但从初次生长的结果看,已经可以达到之前稳定生长时的状态,说明通入水蒸气进行弱氧化消碳的方法行之有效。

2. 酸洗法处理反应器

对于长期使用的反应器,管壁上除了沉积过量碳会影响超长碳纳米

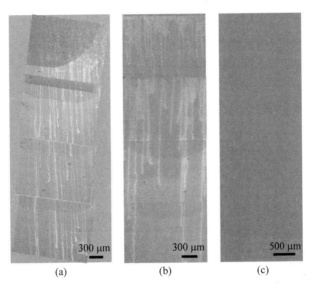

图 3.11　弱氧化消碳处理改善超长碳纳米管生长状况

(a) 35％水量处理 30 min 后初次生长形貌；(b) 50％水量处理 70 min 后初次生长形貌；
(c) 空烧消碳处理后初次生长形貌

管生长外，如果经强氧化后管壁红色越发明显，说明管壁沉积的铁催化剂过量，这同样会影响超长碳纳米管的生长。实验过程中发现，用一定比例的盐酸和氢氟酸清洗反应器后再次制备超长碳纳米管可使生长窗口变大，降低对反应条件的要求，并且超长碳纳米管的生长情况得到明显改善。

　　图 3.12(a)和(b)是经酸洗处理后的反应器第一次和第三次的生长结果，可见碳纳米管的密度和长度得到明显提高。分析原因，初步认为利用酸洗，特别是氢氟酸处理反应器时，氢氟酸会与石英中的 SiO_2 反应得到易挥发物质 SiF_4，即氢氟酸会一定程度腐蚀石英管壁，使表面变得粗糙多孔，这种表面粗糙的反应器有利于埋藏一些催化剂颗粒和碳，更有利于营造一种稳定的生长环境。清华大学-富士康研究中心研究了一种特殊结构的反应器，如图 3.12(c)所示，在石英管内固定一个用碳纳米管薄膜做成的多孔的管状体，将催化剂负载在该管状体表面，用这种结构的反应器可以很容易地制备碳纳米管，其设计的原理与我们在此提出的酸洗处理反应器改善生长状况的方法异曲同工。

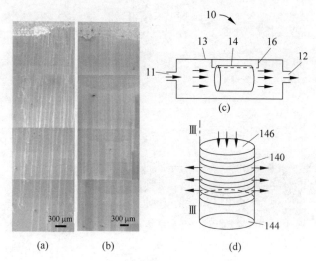

图 3.12　反应器酸洗处理实验探究

(a) 酸洗处理后第一次生长结果；(b) 酸洗处理后第三次生长结果；
(c) 用特殊反应器制备碳纳米管；(d) 图(c)中 14 具体结构图

3.4　超长碳纳米管的批量化制备与大面积生长

3.4.1　批量化超长碳纳米管制备

在针对超长碳纳米管生长条件和可控制备方法探索的基础上,确定了关于制备超长碳纳米管的优化工艺条件和各反应参数对超长碳纳米管生长状况的影响。制备超长碳纳米管的工艺条件具体如下:

(1) 原料气纯度及配比:原料中微量的硫化物和砷化物会使催化剂中毒,应使用高纯气体并控制硫化物<0.3 mL/L,砷化物<0.3 mL/L,氢甲烷体积比应控制在 1.2~4.8。

(2) 反应温度:使用甲烷作碳源应控制反应温度为 800~1200℃并使温度波动范围<±1℃,升温速率应控制在 10~80℃/min,下限取决于加热炉特性。

(3) 反应压力:权衡热力学和产物性质影响,反应全程应维持恒正压操作,并控制压力波动范围<±1 Pa。

(4) 停留时间:平推流反应器内应控制在 8~35 min,对特殊反应器结构应避免"死区"。

（5）水蒸气含量：反应中起消碳和分压作用，摩尔分数应控制在 0.2%～0.8%。

（6）气流均匀性：应控制为稳定层流，径向扰动<±3 mm，在反应器截面上均匀分布。

新型反应器内制备超长碳纳米管最优条件具体如下：

（1）含水量：最优值确定在 0.46%～0.52%，且在此范围内变化影响不大。

（2）氢烷比：最优值确定在 2.06～2.2，在此范围内偏高更有利。

（3）反应气速：最优值确定在 1.9～1.95 mm/s，在此范围内变化影响不大。

（4）硅片位置：中部偏向出口位置流动稳定，温度恒定，利于生长。

（5）生长次数：连续反应近 5 次后，管壁沉积一定碳源，营造稳定生长环境。

基于这些研究结果，尝试在 600 mm×120 mm 规格的石英基板上同时放置多片硅片生长基底进行生长。在多片同时生长的实验过程中，发现硅片与硅片之间的相对位置同样会对生长状况有影响。其中有两种典型的摆放方式，在此列出实验结果进行说明。

当两片硅片如图 3.13 所示摆放时，2♯硅片的生长状况明显好于 1♯硅片，表现在长度和密度均高于 1♯样品。分析其原因，是因为在 2♯硅片

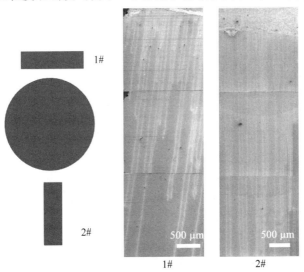

图 3.13　硅片摆放方式对生长的影响

前面摆放的大面积圆形硅片起到整流作用,使得气流在经过 2♯ 样品时分布变得更加均匀,横向的气速分布也基本一致,这种稳定的气流有利于超长碳纳米管的生长。作为对比,图 3.14 所示硅片摆放方式为两硅片并排,一个竖直放置,一个横向放置,然而实验结果是横向放置的硅片表面超长碳纳米管生长状态更好。说明当气流通过时,竖直放置的硅片只有小面积区域接触气流,由于硅片厚度带来的影响,导致硅片中央和两侧气速分布不均,而横放的硅片接触到的气流面积大,相比竖直放置气速分布较均匀。

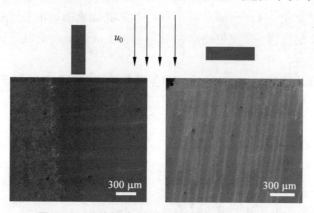

图 3.14　硅片摆放方式对生长的影响(对照组)

　　在考虑了多片同时生长时相对位置的影响这一因素后,最终成功在 600 mm×120 mm 规格的基板上同时放置近 20 片 30 mm×20 mm 的硅片进行超长碳纳米管的制备,每一片均可保持品质较高的形貌特征,在此列出两个硅片上碳纳米管生长情况的全局图,如图 3.15～图 3.16 所示。

3.4.2　大面积超长碳纳米管的制备与表征

　　虽然通过新设计的反应器已经成功实现了超长碳纳米管的批量化制备,并且也解决了以往用管式炉制备时基底尺寸受限的问题,但实际工业生产提出了更高的要求,希望能直接用 4 in 甚至 10 in 的大面积硅片作生长基底批量制备超长碳纳米管。

　　为此,尝试直接在 4 in 的大面积硅片表面制备超长碳纳米管。首先,采用压印法将液相催化剂(三氯化铁的乙醇溶液)按压在 4 in 硅晶圆的边缘[86]。然后,按照本节一开始提出的制备超长碳纳米管的最优生长条件直接在晶圆表面制备超长碳纳米管。然而,4 in 晶圆基底相比过去使用的长条状基底,表征手段成为其形态观测中一项最为棘手的问题。在当时的实

图 3.15　批量化制备超长碳纳米管硅片表面全局形貌

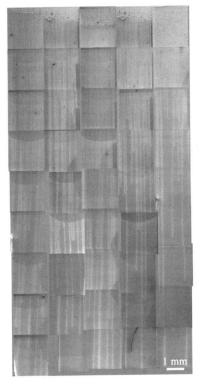

图 3.16　批量化制备超长碳纳米管高密度样品全局形貌

验室条件下,很难找到能容纳如此大面积基底的表征仪器腔体。对此,发展了两种方法来判断晶圆基底表面超长碳纳米管的有无。

一种方法是间接法,如图 3.17 所示,即在晶圆基底前方放置一长条形硅片用来压印催化剂,在晶圆基底下方放置另一长条硅片用来表征。因为在较高的催化剂活性概率下,碳纳米管的长度可达到米级,由此根据下方长条硅片基底承接到的碳纳米管数量间接判断晶圆基底表面超长碳纳米管的生长情况。

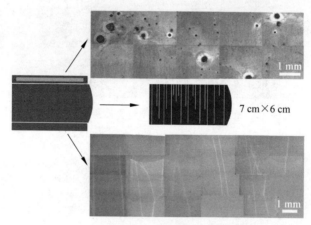

图 3.17　大面积超长碳纳米管的间接法表征

为了保证各个基底之间的衔接部分不会对气流场造成扰动,将 4 in 的晶圆基底裁剪掉上下两部分,留下 7 cm×6 cm 规格的大面积基底。由图 3.17 可见,上方硅片的催化剂区呈现高密度碳纳米管阵列,对照在前面提到的催化剂区形貌与实际生长情况之间的对应关系,催化剂区域雪花状的碳纳米管形态可以说明此时碳纳米管的生长状态已在稳定范围内。从下方硅片的表征结果可见,部分超长碳纳米管延伸至尾部硅片,其取向弯曲是因为超长碳纳米管由大面积生长基底跨缝生长至尾部基底时受基底作用力弱,因而呈现不规则排列。

另一种方法是直接观测法。碳纳米管具有纳米级尺寸,远小于可见光波长,难以在一般的光学显微镜下实现可视化。在化学气相沉积法制备过程中,碳源裂解产生碳纳米管的同时,也会产生较多的无定形碳和官能团,如果不进行特殊处理,这些杂质会吸附在碳纳米管表面[102]。为此,采用水蒸气辅助冷凝可视化的方法对碳纳米管进行表征,如图 3.18 所示。通过增设金属接头和胶皮管,使普通商用加湿器产生定向的饱和水蒸气,喷熏到负载有超长碳纳米管的晶圆基底表面。碳纳米管表面的杂质为水蒸气提供了大量的成核位点,水蒸气首先会在这些位点形成纳米尺寸的水滴,然后水滴会逐渐变大并散射更多的光线,从而使得碳纳米管的轮廓逐渐清晰。为了延长水蒸气在基底表面停留的时间,在基底下方放置液氮以降低晶圆基底表面的温度,从而实现水蒸气在基底表面更长时间冷凝,方便用相机拍摄记录。

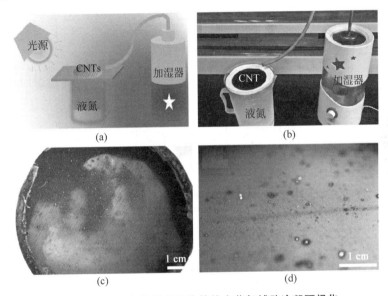

图 3.18　大面积超长碳纳米管的水蒸气辅助冷凝可视化

(a) 水蒸气辅助冷凝可视化装置示意图;(b) 水蒸气辅助冷凝可视化装置实际图;
(c),(d) 基底表面超长碳纳米管的光学可视化

水蒸气冷凝可视化的方法不仅适用于表面负载有杂质的碳纳米管,对于表面洁净的碳纳米管同样适用。将晶圆表面的超长碳纳米管在 700℃氢气氛围下进行退火,以便除去碳纳米管表面吸附的无定形碳。然后,对基底表面进行氩等离子体处理 10 s。经过处理后,基底表面会呈现亲水性特征,将水蒸气喷熏到基底表面,首先会形成水滴,随着水蒸气浓度的升高,水滴逐渐变大并相互聚集形成薄膜。由于碳纳米管本身具有疏水性特征,在水薄膜覆盖的基底表面会显现出清晰的轮廓,如图 3.19 所示。

这种水蒸气辅助冷凝可视化的方法可以直接实现在大气环境下用肉眼识别碳纳米管的表面形貌,并且可以和其他光谱表征手段进行联用,方便对碳纳米管的结构进行精细和深入的表征。例如,将晶圆基底置于瑞利散射

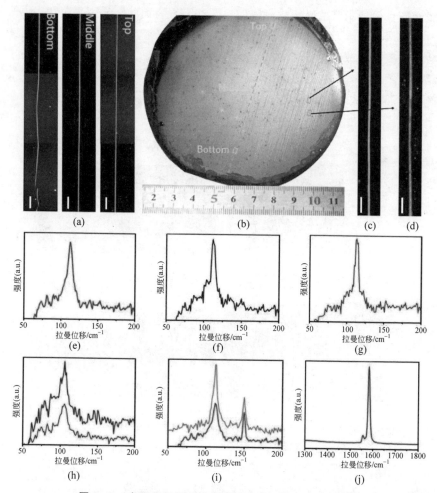

图 3.19　大面积超长碳纳米管的光学可视化与光谱表征

(a),(b) 晶圆基底表面单根 100 mm 长单色碳纳米管的瑞利图像,(a)中三个图像分别对应(b)中所示碳纳米管不同位置处瑞利图像,(b)为采用氩等离子体处理后的晶圆表面超长碳纳米管光学可视化图像;(c),(d) 不同手性结构的单色碳纳米管;(e)~(g) (a)中碳纳米管拉曼光谱 RBM 峰;(h),(i) 分别为(c),(d)中碳纳米管上下不同位置处的拉曼光谱 RBM 峰;(j) 拉曼光谱 G 峰,在 1350 cm^{-1} 处没有峰,暗示碳纳米管无结构缺陷。

比例尺,(a)中为 20 μm,(c)和(d)中为 5 μm

光谱下,在超连续激光的激发下[58,62],碳纳米管会呈现出与其手性结构相关的颜色,从而证明了单根超长碳纳米管可以保持分米级长度范围内手性结构一致,但是不同手性的超长碳纳米管仍然具有不同的颜色。为了进一步检验长程结构一致性特征,将晶圆基底置于拉曼光谱下,用单波长激光器激发相同的超长碳纳米管,发现同一根超长碳纳米管不同长度位置处具有相同的 RBM 峰形和峰位,再次证明了超长碳纳米管的手性结构一致性。同时,在各个管层均被激发的情况下,拉曼光谱 RBM 峰的数量也可以反映出碳纳米管的壁数,如图 3.19(h)和(i)为双峰,表明碳纳米管为双壁碳纳米管,这种长程手性一致性也体现了碳原子对组装的定向性和完美结构。

3.4.3　催化剂预沉积方法实现大面积高密度碳纳米管制备

高密度碳纳米管有利于提高碳纳米管基电子器件的电流密度,然而,尽管通过反应器的优化设计实现了超长碳纳米管在晶圆基底表面的可控制备,但长碳纳米管的产量是非常稀少的。这其中主要的原因在于,采用液相按压法负载催化剂难以实现催化剂纳米颗粒的均匀分散[82,103],特别是在高温反应过程中,催化剂颗粒容易聚集并发生奥斯特瓦尔德熟化作用,致使催化剂失活。因此,为了维持反应过程中催化剂的活性,提高超长碳纳米管的密度,借鉴生物医药中药物缓释的原理,将催化剂预先气相沉积在反应器表面,然后使其在碳纳米管生长过程中逐步缓慢释放[104],从而持续获得高活性的催化剂纳米颗粒,制备高密度超长碳纳米管。具体措施如下:

(1) 将 $FeCl_3 \cdot 6H_2O$ 金属化合物放置在靠近气流的入口端,在 Ar/H_2 (50/100 mL/min)气流中经 30 min 加热至 900℃,然后让反应器自然降温,当降至室温后停止通气并取出剩余的粉末。在这个过程中金属化合物会发生升华、还原或分解等反应,最后含 Fe 的物质会沉积在石英管壁。

(2) 利用上述设计好的缓释催化剂反应器来制备超长碳纳米管,生长碳纳米管的基底表面无需再负载催化剂。在高温条件下,管壁上的铁会蒸发并释放在气流中,在气流的作用下沉积在基底表面。然后,便可按照常规制备超长碳纳米管的工艺催化生长碳纳米管,经实验证明,这一步骤可以重复进行 50 次以上,无需在基底表面额外负载催化剂。

采用此方法,在预先沉积好催化剂的微通道层流反应器中放入连续的 7 片 4 in 晶圆基底,通入碳源制备超长碳纳米管。按照已探索的超长碳纳米管最优生长条件,经过 40 次的重复生长,将超长碳纳米管的最大密度提高至近 10 根/μm,并且最大长度达到 650 mm。经测算,碳纳米管的生长速度达到 88 mm/s。同时,采用拉曼光谱对最长碳纳米管进行分析表征,碳纳米管沿长度方向上具有相同的 RBM 峰形和峰位,说明碳纳米管具有一致的手性结构,并且在 1350 cm^{-1}(D 峰)附近一直无明显峰,说明碳纳米管保持着完美结构,如图 3.20 所示。

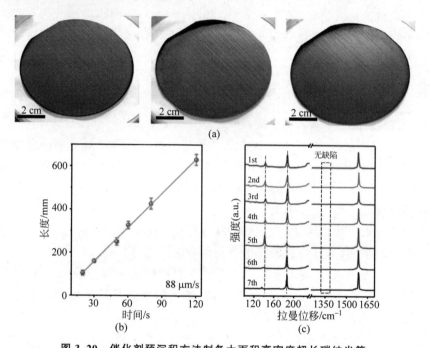

图 3.20　催化剂预沉积方法制备大面积高密度超长碳纳米管

(a) 高密度超长碳纳米管的水蒸气辅助可视化图像;(b) 碳纳米管的生长速度测算;(c) 最长碳纳米管沿长度方向上不同位置的拉曼光谱

3.5　小　　结

本章首先介绍了超长碳纳米管的制备条件和基本形貌特征,针对液相催化剂与手性碳纳米管的界面随机匹配性,提出采用定向进化法实现特异性结构碳纳米管的选择性制备机制。分析了影响超长碳纳米管长度的因素,并建立传质双球动力学模型,得出提高碳纳米管长度的关键在于缩小碳源分子在催化剂颗粒表面外扩散和毒化过程的活化能差异。然后基于早期管式炉内制备超长碳纳米管的条件参数控制规律,在新型反应器中针对含水量、氢甲烷比、反应气速进行参数优化和调整,成功制备出超长碳纳米管。在实验过程中,针对新型反应器结构特征总结出基底在反应器生长区位置、基底相对位置关系、生长次数(管壁积碳量)对超长碳纳米管生长的影响规律,并针对反应器积碳后的消碳提出两种行之有效的解决方法:弱氧化消碳和酸洗处理法,可以明显改善生长状况。基于可控制备方法的探究,最终成功实现在 7 片 4 in 硅基底表面制备超长碳纳米管,生长速度为 88 mm/s,最大长度达到 650 mm,且具有完美结构和全同手性。

第 4 章 高纯度半导体性超长碳纳米管的可控制备

具有完美结构的超长碳纳米管在电子器件应用中可以避免由于原子结构缺陷带来的载流子散射,因而更容易实现弹道输运,发挥超长碳纳米管在电学方面的本征优异性能[19,105-107]。然而,在同一批次的水平超长碳纳米管阵列中,长度超过分米级的碳纳米管产量是极其稀少的。这是由于制备结构完美的超长碳纳米管是一个巨大的熵减过程,在一般的制备过程中很难实现。特别是超长碳纳米管的数量会随着长度的变化符合指数衰减的Schulz-Flory 分布[39],也从侧面进一步说明这种熵减过程的困难。对于超长碳纳米管个体生长而言,每增加一对碳原子对后,碳纳米管能否继续保持稳定生长状态的概率是相等的。但对于碳纳米管阵列而言,不同生长条件下制备的碳纳米管具有不同的催化剂活性概率(用于描述当碳纳米管增加一个单位长度后催化剂仍能保持足够的活性来维持碳纳米管稳定生长的概率)。对于任意催化剂活性概率,超长碳纳米管的数量都会随着长度增加而呈现指数衰减的规律。催化剂活性概率越低,意味着长碳纳米管的比例越低。另外,液相催化剂与手性碳纳米管的界面之间具有随机匹配性,这使得直接从催化剂设计层面优化碳纳米管选择性变得更加困难。因此,要想直接控制产量已经较低的长碳纳米管的选择性对于碳纳米管的原位生长而言是一项艰巨的挑战。在过去的研究中,我们发现超长碳纳米管在从催化剂区初始生长出来的时候尽管数量相对较多,但并不具有选择性。然而,当碳纳米管的长度超过 30 mm 后,却展现了近 93% 的半导体性碳纳米管选择性[42]。受限于超长碳纳米管制备和表征的苛刻条件,至今还没有针对碳纳米管长度与其结构之间依赖或变化关系的研究。本章将对不同长度处碳纳米管的结构进行分析,深入探究碳纳米管的选择性与其阵列长度的依赖关系,以此揭示选择性制备半导体性碳纳米管的有效策略。

4.1 金属性与半导体性碳纳米管的衰变行为

4.1.1 超长碳纳米管结构随长度的变化

首先按照超长碳纳米管生长的最优条件在刻有狭缝和数字标记的硅片

上制备了四批次超长水平碳纳米管阵列,并对不同狭缝处的碳纳米管进行微区拉曼表征,以探究超长碳纳米管的结构随长度的变化规律。为了区分不同批次超长碳纳米管数量随长度的衰变情况,采用 $N = N_0 e^{-\Gamma L}$ 进行描述,其中 Γ 表示衰变系数,用以描述碳纳米管数量随长度衰变的速率,衰变系数越低,代表碳纳米管的数量随长度衰变越慢,相应地,长碳纳米管的产量也越高。图 4.1 为衰变系数为 0.007 21 的超长碳纳米管拉曼光谱集群随长度的变化关系。可以看出,随着碳纳米管长度的增加,能检测到的碳纳米管数量在逐渐减少,这和预想的指数衰减规律是一致的。另外,对于长度较短的碳纳米管(小于 10 mm),检测到的金属性碳纳米管含量有 9.09%(拉曼光谱中 G 峰为 BWF 峰形[64]),而带有原子结构缺陷的碳纳米管含量为 2.53%。可见,碳纳米管在长度较短的时候,有较高比例的金属性和有缺陷的碳纳米管。我们猜测,这些碳纳米管大致位于催化剂区,刚生长出的碳纳米管数量较多,并且在漂浮的初始阶段会受到碳纳米管间范德华力和相互搭接的影响,同时部分结焦失活的催化剂原子岛也会阻碍碳纳米管的原子组装及漂浮生长,导致部分碳纳米管在早期生长阶段出现较多结构缺陷。实际上,长度少于 10 mm 的碳纳米管阵列中有结构缺陷的碳纳米管含

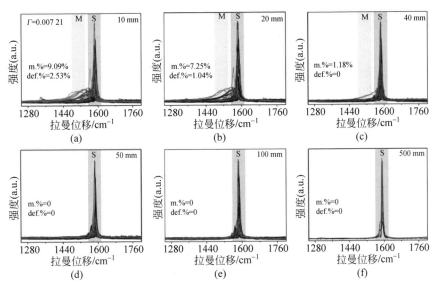

图 4.1　衰变系数为 0.007 21 的超长碳纳米管拉曼光谱随长度的变化关系

m. % 表示金属性碳纳米管含量,def. % 表示有缺陷的碳纳米管含量

量应当比 2.53% 更高，因为我们检测的仅仅是在 10 mm 处的碳纳米管拉曼光谱，不排除有些碳纳米管已经在这长度之前停止生长。但考虑到与其作为比较的均是不同长度位置的碳纳米管拉曼光谱，所以具有一定的可比性和参照性。同时，我们发现，这些金属性碳纳米管和有结构缺陷的碳纳米管含量随着碳纳米管长度增加在逐渐减少。当碳纳米管长度达到 40 mm 时，有缺陷的碳纳米管衰变殆尽，在碳纳米管长度达到 50 mm 时，金属性碳纳米管也不复存在。

　　类似地，在其他衰变系数的碳纳米管阵列中也发现相同的规律。如图 4.2 所示，衰变系数为 0.013 的碳纳米管阵列在长度为 20 mm 处金属性碳纳米管含量为 6.88%，有缺陷的碳纳米管含量为 0.63%。衰变系数为

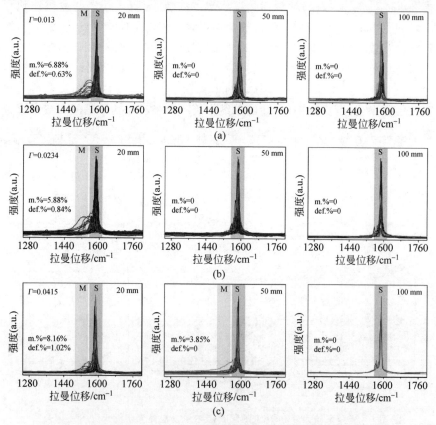

图 4.2　衰变系数为 0.013 的超长碳纳米管拉曼光谱随长度的变化关系

m.% 表示金属性碳纳米管含量，def.% 表示有缺陷的碳纳米管含量

0.0234 的碳纳米管阵列在长度为 20 mm 处金属性碳纳米管含量为 5.88%,
有缺陷碳纳米管含量为 0.84%。这两批碳纳米管阵列在长度达到 50 mm
处金属性和有缺陷的碳纳米管均衰变殆尽,展现了完美结构和纯半导体性。
而衰变系数为 0.0415 的碳纳米管阵列在长度为 20 mm 处的金属性碳纳米
管含量为 8.16%,有缺陷的碳纳米管含量为 1.02%,在 50 mm 处金属性碳
纳米管含量下降至 3.85%,且碳纳米管均具有完美结构。由此说明,无论
对于哪一衰变系数的碳纳米管阵列,有缺陷的碳纳米管均在长度达到
50 mm 前衰变殆尽。这是由于进入超长生长区域的碳纳米管密度较低,碳
纳米管之间的距离较大,每一根碳纳米管都可以独立自由生长而不受到催
化剂原子岛或其他碳纳米管的干扰。另外,不同衰变系数的碳纳米管阵列
即使在长度较短的位置(小于 20 mm),有结构缺陷的碳纳米管含量最高也
仅有 1.02%。说明经过优化后的生长条件可以实现较高的催化剂活性概
率,所制备的超长碳纳米管多数展现出本征的完美结构。

4.1.2　金属性与半导体性碳纳米管半衰期差异

在碳纳米管长度增长的过程中,除了有缺陷的碳纳米管含量在不断衰
减,金属性碳纳米管的比例也在不断降低,而且二者几乎同步衰减。在碳纳米
米管长度超过 50 mm 后,除了衰减系数为 0.0415 的碳纳米管阵列外,其他
碳纳米管阵列的金属性碳纳米管和有缺陷的碳纳米管均衰减殆尽。这也说
明,碳纳米管结构的改变,包括金属性碳纳米管和有缺陷的碳纳米管的含量
变化与所采用的生长条件有关。衰变系数较大意味着催化剂活性概率较
低,所制备的金属性和有缺陷的碳纳米管比例也较高。为了更直观地体现
不同衰减系数下金属性和半导体性碳纳米管的数量随长度的变化关系,我
们统计了碳纳米管、金属性碳纳米管与半导体性碳纳米管的数量随长度的
变化。对应于上述四种衰变系数的碳纳米管阵列,碳纳米管的数量随长度
的变化均满足指数衰减的 Schulz-Flory 分布规律,这类似于原子核衰变。
衰变是微观世界里的粒子行为,而微观世界的规律之一是单个微观事件无
法预测,即对于一个特定原子或生长的碳纳米管而言,只知道衰变概率,无
法确定何时衰变,需要借助量子理论对大量原子核或生长的碳纳米管做出
行为预测。对于每一根碳纳米管来说,增加一对碳原子后碳纳米管的生长
或死亡是等概率、无法预测的。可以通过理论或经验模型的构建判断影响
其死亡的因素,从而方便人为地从外界进行调控。但对于数量巨大的碳纳
米管群体,则会满足量子统计规律,从而方便对碳纳米管阵列群体的行为做

出预测。单根碳纳米管的催化剂表面活性位数量会随着碳纳米管长度增加逐渐衰减直至碳纳米管死亡。从阵列群体看,随着碳纳米管长度不断增加,其数量将按指数衰减规律逐渐减少。在原子物理学中,引入半衰期这一概念来描述当原子核质量下降到一半时所需的时间。类似地,借鉴半衰期的概念,我们定义碳纳米管数量下降到一半时的碳纳米管长度为超长水平碳纳米管阵列的半衰期长度。对于衰变系数较小的碳纳米管阵列,其半衰期长度较大,反映出碳纳米管的衰变速度较低。从统计数据可得,衰变系数为0.007 21 的碳纳米管阵列半衰期长度可以达到 96.1 mm,说明在这一生长条件下具有较高的长碳纳米管产量。

进一步地,借助于表征手段的发展,可以通过拉曼光谱对金属性和半导体性碳纳米管分别进行检测和统计[18],方便探究不同导电属性的碳纳米管数量随长度的衰减规律。从图 4.3 可见,金属性和半导体性碳纳米管的数量随长度的变化均满足指数衰减的 Schulz-Flory 分布规律,但是二者具有不同的半衰期长度。对于衰变系数为 0.007 21 的碳纳米管阵列,半导体性碳纳米管的半衰期长度为 101.8 mm,与碳纳米管总体的半衰期长度(96.1 mm)接近,而金属性碳纳米管的半衰期长度只有 10.4 mm,大约是半导体性碳纳米管半衰期长度的 1/10。对于其他衰变系数的碳纳米管阵列而言,半导体性碳纳米管均具有和碳纳米管总体水平相当的半衰期长度,但金属性碳纳米管与半导体性碳纳米管的半衰期长度相差的水平各有不同。从定量数据看,碳纳米管阵列的衰变系数越小,金属性碳纳米管与半导体性碳纳米管的半衰期长度越接近。这主要是因为,对于衰变系数较小的碳纳米管阵列,碳纳米管的总体产量较低,统计的样本量不足以反映二者衰变速率的显著差异。但从不同批次碳纳米管样品的统计结果可以确定的是,金属性碳纳米管具有比半导体性碳纳米管更小的半衰期长度,这意味着金属性碳纳米管具有更快的衰变速率。

4.1.3　碳纳米管长度决定的半导体性碳纳米管纯度控制

为了排除不同批次碳纳米管阵列的衰变系数影响,将上述四组样品中不同长度下碳纳米管的总数、金属性和半导体性碳纳米管的数量进行加总,以便对金属性和半导体性碳纳米管的半衰期长度差异做出更为准确的估计。图 4.4(a)为四组碳纳米管样品加总的数量随长度分布关系曲线,共计约 710 根悬空超长碳纳米管。由统计结果可以看出,有缺陷的碳纳米管、金属性和半导体性碳纳米管的数量随长度变化关系均满足指数衰减的 Schulz-

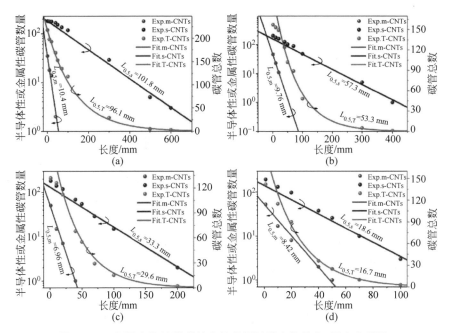

图 4.3　不同导电特性的碳纳米管数量随长度的分布（见文前彩图）

（a）衰变系数为 0.007 21 的碳纳米管数量衰变变化关系；（b）衰变系数为 0.013 的碳纳米管
数量衰变变化关系；（c）衰变系数为 0.0234 的碳纳米管数量衰变变化关系；（d）衰变系数为
0.0415 的碳纳米管数量衰变变化关系。

Exp. 代表实验值，Fit. 代表拟合值，m 表述金属性碳纳米管，s 表示半导体性碳纳米管，T 表示
碳纳米管总体

Flory 分布规律，并且半导体性碳纳米管的半衰期长度达到 74.4 mm，是金属
性碳纳米管的 10 倍以上。从开始时碳纳米管的缺陷多，随长度增加迅速衰
减，说明带缺陷的管很难超长生长，结构一致的碳纳米管有更长的寿命与稳
定性。而通过外延曲线到碳纳米管初生阶段，金属管与半导体管比例接近
1∶2 则可以说明，开始形成的碳纳米管金属性与半导体性的比例是符合其
结构关系中的随机分布的，对于成核生长过程，初始阶段并没有选择
性[29-30]。而超长、完美碳纳米管的选择性与结构进化的核心来自稳定生长
时期的定向进化生长行为，即带缺陷的碳纳米管生长过程中半衰期很短，其
次是金属性碳纳米管会从开始时占 33% 的比例关系中以比半导体管快数
量级的衰减速度随生长长度迅速衰减。这其中的一个原因可能是缺陷碳纳
米管及金属性碳纳米管的手性稳定性不如半导体性碳纳米管。同时，只有

在样本统计数量较大的情况下,金属性和半导体性碳纳米管的半衰期长度差异才更加显著,这和四组样品中衰变系数较小的碳纳米管阵列样品结果保持一致,说明长碳纳米管的产量越高,金属性和半导体性碳纳米管的衰变行为越发分明,并且二者的衰变速率差值逐渐趋向 10 倍。

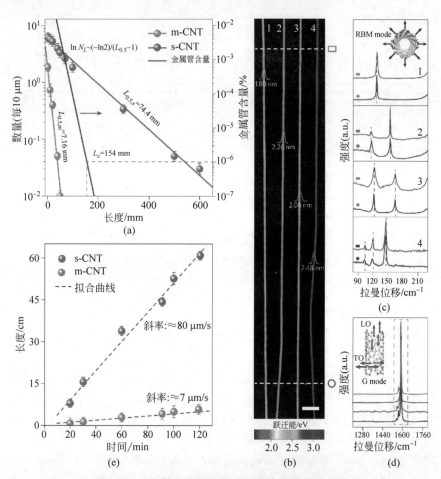

图 4.4　金属性和半导体性碳纳米管生长行为分析

(a) 不同长度位置处金属性和半导体性碳纳米管的数量统计,金属管含量曲线是将不同长度处金属管数量除以总碳管数量得到的;(b) 代表性超长碳纳米管的瑞利散射图像,内图为采用原子力显微镜测试的碳管直径,比例尺为 10 μm;(c)(b) 图中每根碳纳米管头部和尾部的拉曼 RBM 峰;(d)(b) 图中每根超长碳纳米管的拉曼 G 峰;(e) 金属性和半导体性碳纳米管生长速率测算
误差棒代表不同生长时间下最长的 10 根金属性或半导体性碳纳米管长度的标准差

　　这种半衰期长度的差异实际上是统计不同长度处金属性和半导体性碳纳米管含量后最终汇总的结果，与我们在本节一开始提到的金属管拉曼峰随长度增加逐渐减少的结果保持一致。关于金属性碳纳米管提前衰减的原因，我们猜测有以下两种可能：一种是金属性碳纳米管在生长过程中发生结构转变，变为半导体性碳纳米管；另一种是金属性碳纳米管相比半导体性碳纳米管具有更低的生长速率。然而，按我们优化后的超长碳纳米管制备方法，碳纳米管在生长过程中发生结构转变的概率很低。从图 4.4(b) 中不同单根超长碳纳米管的瑞利散射表征来看，碳纳米管均具有手性一致性，并且每根碳纳米管首尾的 RBM 峰位保持一致，也说明尽管不同的碳纳米管手性存在差异，但同一根超长碳纳米管可以保持长程手性一致性。另外，图 4.4(d) 拉曼 G 峰中洛伦兹峰形的 TO 模态也进一步说明这些碳纳米管均为半导体性碳纳米管[18]。可见，超长碳纳米管在生长过程中发生结构性转变的概率是很低的。

　　另一种可能的原因是金属性与半导体性碳纳米管的生长速率存在本征差异。我们测试了不同生长时间下最长的 10 根金属性及半导体性碳纳米管的平均长度，以便测算其生长速度。如图 4.4(e) 所示，无论是金属性还是半导体性碳纳米管，其生长速度始终保持恒定，证明二者的生长是动力学过程。另外，由两条曲线的斜率可知，半导体性碳纳米管的生长速率达到 $80\ \mu m/s$，是金属性碳纳米管的 10 倍以上。可见，二者的生长速度差值和半衰期长度差值具有相当的水平，说明半导体性与金属性碳纳米管的数量随长度衰减的速率差异是由二者的生长速度不同造成的。进一步地，如果将不同长度处金属性碳纳米管的数量除以对应长度下碳纳米管的总体数量得到如图 4.4(a) 中所示的金属管含量曲线，可以发现，由于金属管与半导体管具有不同的生长和衰变速率，金属性碳纳米管的含量随着长度增加逐渐减少。由此可以提出一种新的超长碳纳米管选择性制备策略，如图 4.5 所示，即根据不同导电属性碳纳米管的生长速率差异，通过优化碳纳米管的长度实现半导体性碳纳米管的一步法自发纯化和选择性制备，并且半导体性碳纳米管的纯度可以根据长度的调控实现精细化控制。

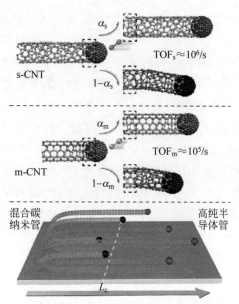

图 4.5　生长速率决定的超纯半导体性碳纳米管选择性制备

4.2　高纯度半导体性碳纳米管阵列的制备与纯度验证

根据碳纳米管半衰期长度的定义,可以得到长度为 L 位置处的碳纳米管数量将满足 $\ln N_L = \ln N_0 - \dfrac{\ln 2}{L_{0.5}-1}(L-1)$,较大的半衰期长度将导致碳纳米管数量随长度较慢的衰变速率 $\left|-\dfrac{\ln 2}{L_{0.5}-1}\right|$。金属性碳纳米管的半衰期长度是半导体性碳纳米管的 $1/10$,说明在碳纳米管自然伸长生长的过程中,金属性碳纳米管会先于半导体性碳纳米管衰减殆尽。

按照图 4.4(a)中所预测的,当碳纳米管的长度超过 154 mm 后,理论上金属性碳纳米管将衰减殆尽,半导体性碳纳米管的纯度将达到 99.9999%,从而可以满足 IBM 所提出的高性能碳纳米管基电子器件的要求。为了进一步验证这一统计模型的准确性,检验长度超过 154 mm 后半导体性碳纳米管的纯度,我们采用以下 4 种方法进行验证和说明。

首先进行逐根超长碳纳米管的拉曼检测,统计样本将近 10 000 根。为了反映更为真实准确的碳纳米管导电属性,对拉曼测试方法和装置进行了改进。拉曼光谱检测采用的是 Horiba HR 800 测试仪器,装配有液氮冷却

的硅 CCD 检测器和 3 个单线激光器 532 nm(2.33 eV)、633 nm(1.96 eV)
和 785 nm(1.85 eV),散射光由 100 倍的空气物镜进行采集(激光光斑直径
大约为 1 μm)。所使用的生长基底为带有 300 nm 氧化层厚度的硅晶圆,表
面有经过光刻和干法处理的狭缝(300 nm 深,5~20 μm 宽)和数字标记。
漂浮生长的超长碳纳米管在停止生长后会落在基底表面,跨越狭缝。针对
跨越狭缝的悬空碳纳米管进行拉曼检测,可以展现碳纳米管本征的性
质[108-109],免于受到基底/碳纳米管之间的范德华作用力影响。另外,研究
表明,碳纳米管表面吸附的氧分子会使碳纳米管的费米能级发生偏移,从而
改变金属性碳纳米管 G 峰中的 BWF 峰形态[110]。为了降低误差,消除碳
纳米管表面吸附的影响,将样品封装在热台中,在测量之前向热台中通入流
量为 100 mL/min 的氩气并在 450℃ 环境下退火 15 min,从而除去碳纳米
管表面的氧气分子,进而增强碳纳米管拉曼峰的本征强度。为了提高碳纳
米管的检测效率,所采用的样品为多次重复生长后的悬空超长碳纳米管。所
统计的近 10 000 根长度超过 154 mm 的超长碳纳米管无结构缺陷,也无金属
管成分,证明碳纳米管的半导体纯度至少在 99.99% 以上,如图 4.6 所示。

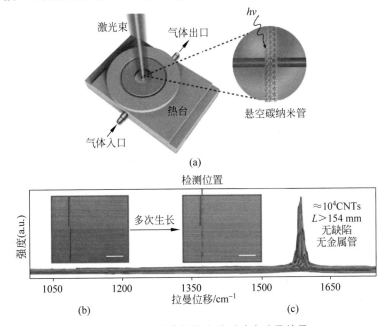

图 4.6　碳纳米管拉曼光谱测试方法及结果

(a) 超长碳纳米管拉曼光谱测试方法示意图;(b),(c) 重复生长的高密度悬空碳纳米
管阵列及其拉曼光谱 G 峰

　　需要指出的是，按我们的方法所制备的超长碳纳米管，均会与所用的激光产生共振，基本不会存在含有的金属性成分碳纳米管层未被检测到的情况。因为这些超长碳纳米管外径分布在 2.0～3.5 nm，内径分布在 1.3～1.8 nm，且集中分布值为 1.7 nm。图 4.7 为碳纳米管直径与激光跃迁能的 Kataura 关系图，可以反映不同手性碳纳米管的跃迁能激发与共振范围[111]，其中橘色图标代表金属性碳纳米管，紫色图标代表半导体性碳纳米管，同一支上相连的几个手性为同一家族，表现为具有相同的 $2n+m$ 值。从图 4.7 可以看出，对于金属性碳纳米管成分[112]，共振的跃迁能范围在 1.5～2.0 eV 和 2.5～3.0 eV。然而，在 2.5～3.0 eV 范围内的金属性碳纳米管成分大部分是高参数的手性碳纳米管家族，如 $2n+m=36,39,42$，这些碳纳米管在我们所制备的超长碳纳米管样品中几乎不存在。另外，所采用的单波长激光(2.33 eV,1.96 eV,1.58 eV)基本上覆盖了所制备的全部超长碳纳米管手性类型。并且根据碳纳米管光子激发的量子相干特性，对于双壁碳纳米管，当有一层碳纳米管与激光共振时，便可以实现两层碳纳米管均共振的情况[113-114]，相应地，各层碳纳米管的导电特性均会反映在拉曼谱峰中。

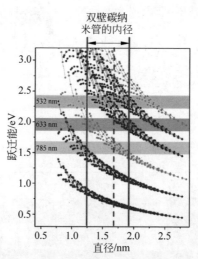

图 4.7　标准化的 Kataura 图(见文前彩图)

橘色和紫色的图标分别代表金属性和半导体性碳纳米管的跃迁能，矩形阴影表示所用的激光激发能，垂直线表示所制备的双壁碳纳米管内径，虚线表示主要的内径分布

　　第二种检测方法是采用表面活性剂增强金属性碳纳米管的拉曼 BWF 峰特性。研究表明，给电子型表面活性剂可以增强金属性碳纳米管的导电

属性[115]。为此,我们首先将胆酸盐的重水溶液(1%)滴在生长有超长碳纳米管的基底表面并均匀涂敷,然后进行拉曼检测。经过给电子表面活性剂的增强作用,如果碳纳米管中存在金属性成分,将会被敏感地检测出来。

作为对照,首先用拉曼光谱检测了表面活性剂处理后的催化剂区域碳纳米管。如图 4.8(a)所示,经表面活性剂处理后,基底表面的碳纳米管会在表面张力的作用下呈现波浪形状。用拉曼检测其中的碳纳米管,由图 4.8(b)可以看出,表面活性剂处理前的金属性碳纳米管 BWF 峰强度较弱,而处理后的碳纳米管在拉曼光谱检测下象征金属性成分的 BWF 峰强度明显增高。此外,处理后的碳纳米管在 D 峰(1350 cm^{-1})处有一定的峰强度,而处理前无明显峰,说明这些结构缺陷是表面活性剂处理过程所带来的,而不是碳纳米管生长过程中的本征缺陷。另外,从半导体性碳纳米管的检测结果

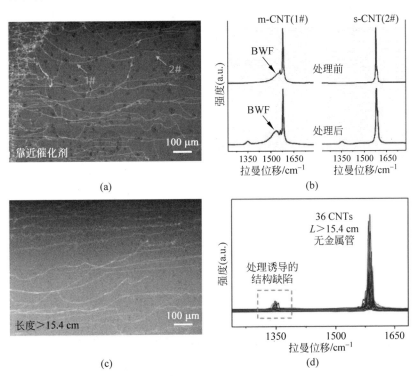

(a)　　　　　　　　　　　　(b)

(c)　　　　　　　　　　　　(d)

图 4.8　表面活性剂处理后的催化剂区域碳纳米管检测结果

(a),(c)靠近催化剂区域和长度大于 154 mm 的超长碳纳米管经过表面活性剂处理后的 SEM
图;(b)两根靠近催化剂区的碳纳米管在表面活性剂处理前后的拉曼光谱;(d)36 根长度大于
154 mm 的超长碳纳米管拉曼光谱检测

可以看出,这种表面活性剂的处理方法对半导体性碳纳米管的拉曼峰形和峰强度无明显影响。可见,这一方法尽管会引入少量结构缺陷,但可以方便地增强金属性碳纳米管导电特性,而不影响半导体性碳纳米管的峰特性,可以作为一种有效的强化检测金属性碳纳米管的方法。对长度超过 154 mm 的超长碳纳米管进行表面活性剂处理,然后检测了表面 36 根碳纳米管的 G 峰,均未发现金属性碳纳米管成分,进一步说明长度超过 154 mm 的超长碳纳米管具有很高的半导体选择性。

第三种检测方法是采用不同的反应条件制备超长碳纳米管,用拉曼检测长度大于 154 mm 的碳纳米管 G 峰。如图 4.9 所示,在碳纳米管的最优生长条件附近对反应参数进行调控,制备了四批次的超长碳纳米管水平阵列。对长度超过 154 mm 的超长碳纳米管进行拉曼表征和分析,我们发现,只要是在最优生长条件范围内,不管何种反应条件,所制备的长度超过 154 mm 的超长碳纳米管均呈现出极高的半导体性,并未检测到任何金属性碳纳米管成分。

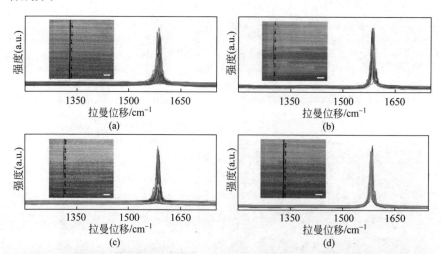

图 4.9 不同条件下制备的长度超过 154 mm 的超长碳纳米管扫描电镜及拉曼光谱表征
（a）温度：1010℃,含水量为 0.4%；（b）温度：1000℃,含水量为 0.4%；（c）温度：1010℃,含水量为 0.5%；（d）温度：1000℃,含水量为 0.5%

比例尺为 200 μm

需要说明的是,在采用拉曼光谱对碳纳米管的导电属性进行检测时,并未对碳纳米管的壁数加以区分和鉴别。尽管由于碳纳米管管层间的量子耦合效应[113-114,116-117],只要在多壁碳纳米管中存在金属性碳纳米管成分,便会在拉曼 G 峰中展现出 BWF 峰形,但是,无法由 G 峰的分峰数量给出准确的碳纳米管壁数甄别。因为实际观测到的拉曼 G 峰中的模态数量还取决于激光功率和碳纳米管的手性结构[118]。但是,通过以上 3 种基于拉曼光谱的检测方法,已经可以证明,碳纳米管的长度超过 154 mm 后可以实现高半导体选择性,依靠碳纳米管长度优化制备高纯度碳纳米管这一方法具有高效性和鲁棒性。

4.3　超长碳纳米管的液相催化剂模板与结构进化

　　超长碳纳米管这种长程、完美的六角晶格结构源自碳纳米管电子结构和动力学性质的相互锁定。一般而言,对于具有确定晶面的固体催化剂,是催化剂与碳纳米管的热力学界面匹配和碳纳米管的动力学伸长生长决定了宏观长度碳纳米管的最终手性分布[34,53-54]。而对于液相催化剂,由于缺少确定的晶面但具有较高的流动性,所以当碳纳米管边缘在液相催化剂的金属表面形成一对碳原子位错时,不会产生额外的能量消耗[119]。因此,在液相催化体系下,催化剂几乎不会对任何手性碳纳米管种子产生热力学倾向性,对于碳纳米管结构选择性起到决定性作用的应当是动力学控制过程。所以,为了简化超长碳纳米管的生长过程,可以忽视碳纳米管核的形成过程,将催化剂和碳纳米管种子这一整体视为后续动力学伸长生长的“催化剂模板”。不同手性的碳纳米管种子具有不同的电子能带结构,将对“催化剂模板”的催化活性产生不同的修饰和促进作用。根据上面实验证明的金属性与半导体性碳纳米管生长速度的差异,有理由认为催化剂与半导体性碳纳米管种子相结合形成的“催化剂模板”相比金属性的“催化剂模板”具有更高的反应活性。从微观角度看,可以将碳纳米管的生长速率重新定义为每秒钟加到碳纳米管周向边缘上活性位点的碳原子对数目,即催化化学中常用来表征催化反应速率的转换频率(TOF,s^{-1})。

　　对此,采用 $^{13}C/^{12}C$ 同位素切换[120]的方法来测量单根碳纳米管的TOF。^{13}C 的碳源采用的是纯度为 99% 的 $^{13}CH_4$。首先向反应体系中通入 $^{12}CH_4$ 进行常规的碳纳米管生长,一段时间后,将碳源切换为 $^{13}CH_4$,从而制备出 ^{12}C-^{13}C 异质形碳纳米管。所用的 ^{12}C 和 ^{13}C 气路在稳压阀和稳流阀之前并联,从而避免切换过程下游气路的流量产生波动,实现 ^{12}C 和 ^{13}C 气体的稳定切换。区分 ^{12}C 和 ^{13}C 碳纳米管最方便和直接的方法是采用拉曼光谱进行表征。由于电子和声子有较强的激发相互作用,当碳纳米管的原子质量发生改变后可以引起拉曼光谱 G 峰峰位的偏移，而谱图的其他信息，如峰形、半峰宽和强度等特征并不会改变。具体地，碳原子质量和拉曼波数之间满足下面关系[121]：

$$\frac{\omega_{13}}{\omega_{12}} = \sqrt{\frac{12}{13}} \tag{4.1}$$

可见，^{12}C 碳管和 ^{13}C 碳管在拉曼光谱上相差大约 60 cm^{-1}，可以通过碳纳米管 G 峰的位置方便地加以区分。为了测算碳纳米管的生长速度，沿着单根异质形碳纳米管进行逐点的微区拉曼测量。依靠不同质量碳原子拉曼的差异，一旦确定 ^{12}C 和 ^{13}C 碳纳米管的转变点位置 x_a，即可计算出 ^{12}C 和 ^{13}C 碳纳米管的生长速度。

　　下面以同一批次生长的超长碳纳米管阵列中较长和较短的两根碳纳米管为例说明其生长速度的测量和计算方法。如图 4.10(a)所示，在反应的前 3 min 内通入 ^{12}CH$_4$ 进行常规的超长碳纳米管生长，在第 3 min 时（t_a）切换气体为 ^{13}CH$_4$，维持碳纳米管继续生长 2 min 至 t_b，则异质形碳纳米管中 ^{12}C 部分碳纳米管的生长速度为 $R_{^{12}C} = x_a/t_a$，^{13}C 部分碳纳米管的生长速度为 $R_{^{13}C} = (x_b - x_a)/(t_b - t_a)$。采用拉曼光谱对碳纳米管逐点检测的示意图如图 4.10(b)所示，较长的碳纳米管长度 $x_{b,1}$ 为 25.2 mm，根据拉曼 G 峰的洛伦兹峰形可以判断是一根半导体性碳纳米管。较短的碳纳米管长度 $x_{b,2}$ 为 1.8 mm，根据拉曼 G 峰的 BWF 峰形可以判断是一根金属性碳纳米管。对于较长的碳纳米管，拉曼测量的转变点位置 x_a 为 15 mm，则 ^{12}C 碳纳米管的生长速度为 83.3 μm/s，并且 ^{13}C 碳纳米管的生长速度也是 83.3 μm/s。对于较短的碳纳米管，拉曼测量的转变点位置 x_a 为 1.08 mm，则 ^{12}C 碳纳米管的生长速度为 6 μm/s，并且 ^{13}C 碳纳米管的生长速度也是 6 μm/s。可见，同位素对金属性或半导体性碳纳米管的生长速度均不会造成影响。需要说明的是，以上采用同位素切换方法制备异质形碳纳米管和逐点拉曼方法测试生长速度的实验工作为组内博士毕业生温倩的工作[122]，为保证本书内容的完整性和可读性，将其重新写入本书。在此基础上提出"催化剂模板"生长机制、引入 TOF 参数计算并对以下结构演化展开深入分析与讨论。

　　为了计算碳纳米管的 TOF，需要确定单位长度碳纳米管的碳原子数量及边缘周向上的活性位点数目。具体地，采用 Nanotube Modeler 软件模拟计算 1 nm 长碳纳米管所包含的原子数 Q_{atom}。另外，对于一根非锯齿形手

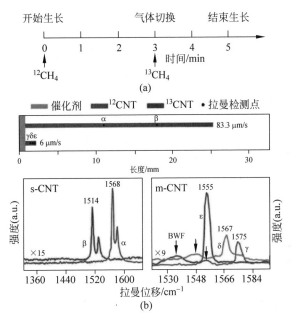

图 4.10　同位素切换制备异质形碳纳米管流程及生长速度测试方法（见文前彩图）
（a）同位素切换制备异质形碳纳米管的流程示意图；（b）上图为同位素切换法测量碳纳米管生长速度示意图，下图左右分别为较长和较短的两根碳纳米管在同位素切换前后的拉曼 G 峰

性碳纳米管(n,m)，碳原子对按照螺旋位错模式逐渐增加到碳纳米管边缘周向[87]。如果碳纳米管的手性保持不变，那么一根碳纳米管上的位错点数量也保持不变，并且和手性参数中的 m 值相等[123]，这些位错点持续地为下一次碳原子对的增加提供确定数量的活性位点，直到碳纳米管的生长停止。由于我们所制备的超长碳纳米管多为少壁碳纳米管，为了简化处理，假设碳纳米管各管层具有相同的反应速率，并且和我们按照同位素切换方法测定的生长速率相等，则一根超长碳纳米管（单壁或少壁）的 TOF 可以表示为

$$TOF = R \cdot Q_{atom}/m \tag{4.2}$$

正如我们在本节一开始所描述的，不同手性碳纳米管具有不同的电子结构，将会对金属催化剂的反应活性产生不同的修饰作用，从而使得"催化剂模板"在实现碳纳米管伸长生长过程中带有不同的催化生长速率。带隙的大小（ΔE）是不同手性碳纳米管的典型电子结构特征，并且需要指出的是，金属性和半导体性碳纳米管都具有带隙。其中，半导体性碳纳米管的带

隙与其半径(r)成反比关系[17]，$\Delta E \sim r^{-1}$。而金属性碳纳米管与一般的金属材料不同的是，会存在一个由于圆管形弯曲结构带来的微小带隙，并且这个带隙的大小和碳纳米管半径的二次方成反比关系[16]，$\Delta E \sim r^{-2}$。一般来说，尽管金属性碳纳米管具有一定的带隙，但这个带隙相比半导体性碳纳米管而言还是极小的。从数量级上看，半导体性碳纳米管的带隙大约为10^{-1} eV，而金属性碳纳米管的带隙仅为$10^{-3} \sim 10^{-4}$ eV。另外，按照前面的实验结果与验证，半导体性碳纳米管的生长速率大约是金属性碳纳米管的 10 倍，我们猜测具有较大带隙的碳纳米管种子对金属催化剂在反应活性方面的修饰增强作用要强于较小带隙的碳纳米管种子，因此带隙的大小和碳纳米管的生长速率之间似乎存在一定的正相关关系。进一步地，对于一根由不同手性和带隙结构的碳纳米管管层组成的少壁碳纳米管，我们认为具有最小带隙的碳纳米管管层从理论上具有最低的生长速度，将成为碳纳米管整体生长速度的限制性管层。

按照碳纳米管直径和带隙之间的反比关系[18]，如果一根碳纳米管的各个管层均是半导体性的，那么碳纳米管整体的最小带隙应当归属于最外层管层。但是，如果一根碳纳米管含有任一金属性管层成分，碳纳米管的最小带隙则归属于金属性管层。获取单壁碳纳米管的带隙及少壁碳纳米管各管层的最小带隙有助于揭示碳纳米管种子的电子结构对液相金属催化剂反应活性的影响规律。因此，为了准确统计已经测定好生长速度的碳纳米管所具有的带隙分布情况，利用醋酸纤维纸将硅基底表面的碳纳米管转移到微栅上[42]，在透射电镜下进行电子衍射表征，确定各个管层的手性指数。需要指出的是，采用醋酸纤维素纸转移碳纳米管的优势在于可以完整地保持碳纳米管阵列在基底表面的相对位置和排列形态，方便我们将速率测定结果和电子衍射手性分析结果在同一根碳纳米管上进行准确对应，进而得到可靠的 TOF 与带隙之间的变化规律。

如图 4.11(a)所示，按照上面的方法，测算并统计了同一批次制备的 39 根少壁超长碳纳米管的 TOF 与最小带隙，其中包含 13 根金属性碳纳米管和 26 根半导体性碳纳米管。和过渡金属催化中的 Brønsted-Evans-Polanyi 曲线分布[124]类似，碳纳米管的带隙与 TOF 之间也展现了相同的火山形曲线分布。Brønsted-Evans-Polanyi 分布关系的提出最早是由密度泛函理论计算得到的，指出原子氮在过渡金属催化剂表面的吸附能与解离能之间呈现线性分布关系。进一步将其用于分析氮的工业合成反应，发现氮在过渡金属催化剂表面的吸附会对催化剂的电子结构产生调制作用，进而影响催化剂的活性及氨的合成速率,且存在一最优吸附态区间,可以使得催化剂活性达到最优值。与之相类似的,碳纳米管种子的吸附同样对金属催化剂活性产生了不同程度的调制作用。从火山形曲线分布的结果来看,存在一最优调制区间,可以使得碳纳米管的生长速率达到最优值。可以看出,半导体性碳纳米管相比金属性碳纳米管的最小带隙确定了一个更宽且更大的生长速率范围。半导体性碳纳米管的平均 TOF 达到 1.5×10^6 s^{-1},比金属性碳纳米管的平均 TOF(1.3×10^5 s^{-1})高出一个数量级。一般工业反应[125](包含酶催化反应在内)的 TOF 仅分布在 $10^{-2} \sim 10^2$ s^{-1},这里所制备的半导体性碳纳米管的 TOF 也是目前工业催化反应的最高水平,足以看出在纳米尺度下催化剂颗粒与碳源间的超快质量传递对于提高材料的生长速率发挥着关键性的重要作用。

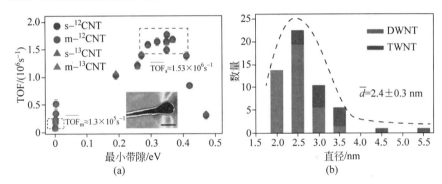

图 4.11　少壁碳纳米管的 TOF 与最小带隙的关系及较长部分直径分布(见文前彩图)
(a) 少壁碳纳米管同轴各管层的最小带隙(目标层)和目标层的 TOF 变化关系,误差源于转变点位置的不确定性。内图为一根长碳纳米管的头部 AFM 图像,说明碳纳米管是顶部生长模式,比例尺为 10 nm;(b) 长度超过 154 mm 的碳纳米管的直径分布

　　另外,由于碳纳米管的带隙与其直径之间成反比关系,这也为实现碳纳米管的窄直径分布提供了一种有效措施,即依靠提高碳纳米管的生长速率,从理论上讲较长的那部分碳纳米管将具有较窄的直径分布。图 4.11(b)所示为长度超过 154 mm 的碳纳米管阵列的直径分布,可以看出,在这些长碳纳米管中,双壁碳纳米管占比约 75%,直径小于 3 nm,而三壁碳纳米管的直径超过 3.5 nm,碳纳米管阵列整体的平均直径为 2.4 nm,且具有较窄的波动范围。需要指出的是,在统计的长度超过 154 mm 的碳纳米管中,并未发现单壁碳纳米管。这和过去的实验统计结果一致,在通水生长的碳纳米管中,单壁碳纳米管仅占据将近 10%,大部分是双壁和三壁碳纳米管[42]。

由于单壁碳纳米管具有较高的曲面能,很难制备得到长度达到米级的单壁碳纳米管。我们认为,增强碳纳米管与催化剂吸附的相互作用对于单壁或少壁碳纳米管的伸长生长发挥着关键作用[126]。可见,在液相催化体系中,碳纳米管种子的电子结构将对催化剂活性进行调制和修饰,不同带隙的碳纳米管在自发动力学生长过程中将以不同速率进行伸长生长。类似于自然选择机制,具有窄直径和带隙分布的高纯半导体性碳纳米管将在结构定向进化中实现自发富集。

4.4　高性能半导体性碳纳米管电子器件

高纯度半导体性碳纳米管是构建高性能电子器件的理想候选材料,特别是晶体管器件,同时也是集成电路和高端芯片的核心元件[105-106,127-128]。另外,晶体管器件的通断能力,即开关比特性,也是检验碳纳米管沟道材料半导体纯度的重要依据。晶体管器件由源极、漏极和栅极组成,只有高纯度的半导体材料作为沟道材料才能使晶体管借由栅极实现有效通断。如果沟道材料中含有微量的金属成分,都会使得晶体管的关态不够彻底,产生漏电,这样不仅会降低器件的开关比,同时也会增加额外的电流损耗,甚至使得器件击穿和烧毁[10,106,129]。

为了进一步检验超长碳纳米管的半导体纯度,探究高纯度半导体性碳纳米管的电学器件应用形式,在新型微通道层流反应器中连续放置的 7 片 4 in 晶圆表面制备超长碳纳米管,并在长度超过 154 mm 的第三片晶圆表面构筑晶体管器件。为了让电极接触到大部分碳纳米管,采用插指型器件结构。如图 4.12 所示的电学测试结果,采用催化剂预沉积方法提高催化剂的活性[104],进而采用相同的反应条件重复制备超长碳纳米管。以长度超过 154 mm 的超长碳纳米管为目标样品,在碳纳米管密度分别达到每微米 1 根、2 根、5 根和 8 根的情况下在碳纳米管表面构筑晶体管器件。可以看出,器件的开关比为 $10^5 \sim 10^6$,再次说明采用优化长度的方法可以实现高纯度半导体性碳纳米管的可控制备,并且具有可重复性。

这里以一个长度超过 154 mm、密度将近 10 根/μm 的插指型碳纳米管晶体管器件为例,进一步说明基于高纯度半导体性碳纳米管的优异电学器件性能。如图 4.13 所示,一个基于碳纳米管阵列的插指器件形成了 100 个晶体管串级的结构,当施加源-漏电压为 −0.1 V 时,器件总输出电流为

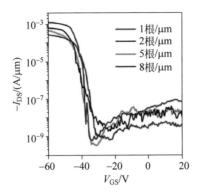

图 4.12　重复生长的碳纳米管阵列（长度超过 154 mm 的部分）
晶体管器件转移特性曲线（见文前彩图）

器件结构为插指型晶体管，源-漏电压为 −0.1 V，横坐标为源极和栅极间电压，
纵坐标为源极和漏极间电流

42 mA，相当于单沟道输出电流密度大约为 14 μA/μm，器件开关比为 10^8，
场效应迁移率超过 4000 cm^2/(V·s)。需要指出的是，采用 −0.1 V 的源-
漏电压可以确保碳纳米管器件在测试过程中处于安全状态，同时也是实现
碳纳米管器件低能耗工作的最佳条件。另外，从测试结果来看，电极覆盖范
围包含 1.2 mm 长的碳纳米管，这样的晶体管器件仍然可以保持较高的开
关比和迁移率，可以充分说明长度超过 154 mm 的碳纳米管不仅具有较高
的半导体选择性，同时具有很好的结构稳定性。然而，在这种插指型结构的
晶体管器件中，电容也会随着电极数目的增加而增大，因而，器件的高电流
输出是高密度碳纳米管和众多插指电极叠加的作用效果。可见，虽然这种
器件结构可以高效地表征碳纳米管的半导体选择性和一致性，并且有利于
探究碳纳米管的最大电流耐受强度，但考虑到金属电极的复杂结构与功耗，
这种器件结构并不是碳纳米管电子器件的最佳应用形式。因此，将器件的
性能以单沟道为基准进行标准化处理，并与文献中报道的器件性能进行比
较[19,41,69,99,130-132]。如图 4.13(g) 所示，这种高半导体纯度碳纳米管器件
相比于其他碳纳米管器件从开关比特性方面有了显著提高。尽管电流密度
仍然需要进一步加强，但已经可以满足当前主流的电子器件应用，包括光探
测器、逻辑电路和射频电路。进一步提升器件的性能还需要围绕碳纳米管
阵列的致密化及探索更为高效的器件结构。

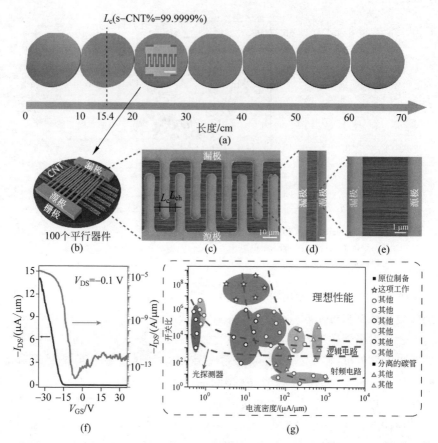

图 4.13   基于高纯度半导体性碳纳米管阵列制作的晶体管器件(见文前彩图)

(a)超纯半导体性碳纳米管阵列的制备方法示意图。左边晶圆上黄色部分代表包含较高含量的金属性碳纳米管,含量由黄色的对比度体现,在临界长度位置 $L_c=154$ mm,半导体性碳纳米管纯度将达到 99.9999%,内图为插指器件的光学显微镜图像,比例尺为 40 μm;(b)插指器件结构示意图,沟道长度 $L_{ch}=4$ μm,接触长度 $L_c=8$ μm;(c)~(e)器件的逐级放大 SEM 图像,(d)中比例尺为 2 μm;(f)宽度标准化后的单沟道晶体管器件转移特性曲线,源-漏电压为 -0.1 V;(g)器件性能与文献中报道值比较,假设单根碳纳米管饱和态电流为 10 mA,横纵坐标为将 IBM 所提出的碳纳米管密度和半导体纯度指标转化为可测量的电流密度和开关比

4.5   小   结

本章首先对悬空碳纳米管阵列不同长度位置处的碳纳米管进行拉曼检测分析,发现有缺陷的碳纳米管仅在催化剂区和短碳纳米管区存在,并且其

含量会随着碳纳米管长度增加而逐渐降低,直至长度达到 50 mm 后全部消失殆尽。另外,金属性碳纳米管和半导体性碳纳米管的数量随长度变化均满足指数衰减的 Schulz-Flory 分布规律,但是半导体性碳纳米管的半衰期长度是金属性碳纳米管的 10 倍,表明金属性碳纳米管具有高于半导体性碳纳米管 9 倍的衰减速率。通过分析测算,证明二者的衰减速率差异源于依赖带隙的动力学生长速度而非生长过程中发生的结构转变。因此,可以实现金属性与半导体性碳纳米管在生长过程中的自发分离,在长度达到 154 mm 时半导体性碳纳米管的纯度可以达到 99.9999%。这一结果和方法经三种光学方法检验具有高效性和鲁棒性。采用同位素切换方法进行原子级生长速度测算,证明半导体性碳纳米管的 TOF 可以达到 1.5×10^6 s^{-1},是金属性碳纳米管的 10 倍,同时也是目前已知工业催化反应的最高水平。同时,碳纳米管种子的电子结构对催化剂反应活性展现了类似 Brønsted-Evans-Polanyi 火山形曲线的调制作用,通过结构定向进化可以实现窄直径分布和高纯半导体性碳纳米管的自发筛选富集。同时,这些高纯度半导体性碳纳米管制作的器件展现了优异的电学性能,开关比达到 10^8,电流密度为 14 μA/μm,迁移率超过 4000 cm^2/(V·s),可以满足当前主流的光探测器、逻辑电路和射频电路等电子器件应用。

第5章 高密度单色碳纳米管 线团的原位组装

5.1 单色碳纳米管线团的原位组装与结构调控

目前,半导体性碳纳米管在制造晶体管、存储器、逻辑电路、传感器等器件方面展现了极大的优势,这与其优异的电学性能密不可分[106,127]。超长碳纳米管具有结构完美、手性一致的特征,由单根超长碳纳米管制成的晶体管,其迁移率比硅高出70%,用其制作的场效应器件的开关比更是在10^7以上[99],这些电学性能评价参数均高于目前广泛使用的硅基材料,并且碳纳米管电子器件具有尺寸小、速度快、功耗低等优点,可见碳纳米管在微纳米电子器件方面极具潜力,极有可能取代硅迎来碳基集成电路的时代。

要想实现规模化应用碳基集成电路,除了要求半导体纯度要达到99.9999%以上,对密度也提出了125根/μm的要求[45],目前很难同时实现这两个目标。北京大学张锦教授团队利用氧化铝特殊晶格导向作用研发"特洛伊催化剂",制备出130根/μm高密度单壁碳纳米管阵列[46],但其半导体纯度无法达到要求,且夹带有催化剂杂质,纯化困难。清华大学魏飞教授团队通过工艺开发制备出世界上最长的550 mm超长碳纳米管[39],并且证明单根超长碳纳米管具有全同手性的结构,通过悬挂TiO_2颗粒的方法实现单根碳纳米管可视化[133]并抽出多壁碳纳米管内层缠绕获得高密度的单壁碳纳米管线轴,这种方法一定程度上满足了集成电路的要求,但在缠绕过程中难以保证缠绕在探针上碳纳米管的均匀性并且对探针的洁净程度要求较高。

针对碳基集成电路的技术要求,本章创造性地提出一种利用声波或磁场辅助原位卷绕单根超长碳纳米管制备单色碳纳米管线团的方法,并结合共振瑞利散射原理实现半导体性碳纳米管的筛选。

5.1.1　声波辅助卷绕碳纳米管的机理

本章研究的单一手性碳纳米管线团制备方法是基于超长碳纳米管制备工艺改进的原位干扰气流制备线团的方法。首先是超长碳纳米管的制备，其制备工艺条件如下：

（1）原料气纯度及配比：原料中微量的硫化物和砷化物会使催化剂中毒，应使用高纯气体并控制硫化物＜0.3 μL/L，砷化物＜0.3 μL/L，氢甲烷体积比应控制在 1.2～4.8。

（2）反应温度：使用甲烷作碳源应控制反应温度为 800～1200℃并使温度波动范围＜±1℃，升温速率应控制在 10～80℃/min，下限取决于加热炉特性。

（3）反应压力：权衡热力学和产物性质影响，反应全程应维持恒正压操作，并控制压力波动范围＜±1Pa。

（4）停留时间：平推流反应器内应控制在 8～35 min，对特殊反应器结构应避免"死区"。

（5）水蒸气含量：反应中起消碳和分压作用，摩尔分数应控制在 0.2%～0.8%。

（6）气流均匀性：应控制为稳定层流，径向扰动＜±3 mm，在反应器截面上均匀分布。

用此工艺方法制备的超长碳纳米管可实现全同手性，并且具有完美的结构。而原位制备线团是通过改进实验装置实现的，具体实验装置如图 5.1 所示。声波向反应装置的引入是通过一个函数信号发生器输出一定频率（10 mHz～10 kHz）、一定振幅（5 mVpp～70 Vpp）的电信号，经过一个发声装置，如扬声器、旋笛、压电式换能器或磁致伸缩式换能器，实现电信号向声波振动的转化，再经过一个聚能器或变幅杆实现声波能量的汇聚和放大。

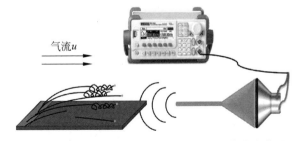

图 5.1　利用声波排列原位制备单一手性碳纳米管线团装置示意图

将此装置连接到设计的新型反应器出气端,经聚能器放大后的声波从反应器出口端进入,经过反射和传播到达碳纳米管生长区,影响反应气流,使气流导向作用下漂浮生长的碳纳米管卷曲缠绕,获得超长单根手性一致的碳纳米管线团。

在声波作用下,沿漂浮超长碳纳米管长度方向除了曳力外,还有声波施加的简谐外力,在此针对碳纳米管的受力情况建立数学模型进行分析说明,如图 5.2 所示。

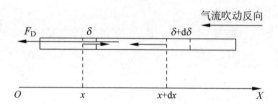

图 5.2　声波扰动漂浮碳纳米管受力数学模型建立

假定碳纳米管超长部分与基底平行,声波施加的简谐外力和曳力作用在同一直线,假定总长为 L,截面积为 S,取一线元 $\mathrm{d}x$ 作为研究对象。

根据纵波传播特点,当 $x=0$ 处受到声波给予的简谐外力时,振动沿碳纳米管本身传播,假定在 x 处引起伸缩形变量为 $\delta(t,x)$,在 $x+\mathrm{d}x$ 处引起伸缩形变量为 $\delta(t,x+\mathrm{d}x)$,则总伸缩形变量为

$$\delta(t,x+\mathrm{d}x)-\delta(t,x)=\frac{\partial\delta(t,x)}{\partial x}\mathrm{d}x \tag{5.1}$$

相对形变量,即产生的应变为

$$\frac{\frac{\partial\delta}{\partial x}\mathrm{d}x}{\mathrm{d}x}=\frac{\partial\delta}{\partial x} \tag{5.2}$$

假定振动伸缩在弹性范围内,则由弹性定律得:

$$\frac{F_x}{S}=-E\frac{\partial\delta x}{\partial x} \tag{5.3}$$

$$\frac{F_{x+\mathrm{d}x}}{S}=-E\frac{\partial\delta x+\mathrm{d}x}{\partial x} \tag{5.4}$$

由第 2 章计算得,$Re=0.061$,可见气体在生长区内的流动已属于爬流,黏性力起主要作用,惯性力的影响极小。当气流沿着生长中的超长碳纳米管流动时,会产生更大的阻力,相应地,也会给超长碳纳米管施加一定大小的曳力,以维持其漂浮自由生长。从分子动力学的角度看,气流施加给碳

纳米管的曳力是微观上气体分子与碳原子层相互碰撞的结果。Li 等利用分子动力学模拟的方法研究发现,当气体分子与纳米颗粒相互碰撞时会发生反射碰撞或扩散碰撞,随着纳米颗粒直径的增加,气体分子与颗粒的碰撞有向扩散碰撞发展的趋势,并针对两种碰撞建立了数学模型[134]。Wong 在此基础上考虑了气体分子与碳纳米管之间的相互作用势,对模型进行了修正和完善[135]。为使问题简化,此处不考虑气流与碳纳米管的相互作用势,仅引用此数学模型对气流与碳纳米管的曳力进行计算。

$$F_D = \frac{1}{2} \sqrt{2\pi m_r k T} N L D \Omega_{s(d)}^{(1,1)^*} V \tag{5.5}$$

其中,F_D 为气流曳力,N;m_r 为折合质量,kg;$m_r = \dfrac{m_g m_t}{m_g + m_t}$,$m_g$ 表示碳纳米管周围气体分子质量,m_t 表示碳纳米管质量;k 为玻耳兹曼常数;T 为热力学温度,K;N 为分子数密度,个/m³;L 为碳纳米管长度,m;D 为碳纳米管直径,m;$\Omega_{s(d)}^{(1,1)^*}$ 为折合碰撞积分;V 为碳纳米管漂浮速度,m/s。

将上述模型应用于实验体系。取 $L = 1$ cm,$D = 1.2$ nm,$T = 1273$ K,碳纳米管层间距 $b = 0.34$ nm,密度 $r = 2.1$ g/cm³,则分子数密度为

$$N = \frac{n}{V} N_A = \frac{P}{RT} N_A = \frac{1.01 \times 10^5}{8.314 \times 1273} \times 6.02 \times 10^{23} = 5.745 \times 10^{24}\ \text{个}/\text{m}^3$$

碳纳米管的质量为

$$m_t = \rho V_t = 2100 \times 1 \times 10^{-2} \times 0.785 \times \left[(1.2 \times 10^{-9})^2 - (0.86 \times 10^{-9})^2\right]$$
$$= 1.155 \times 10^{-7}\ \text{kg}$$

碳纳米管周围气体的质量为

$$m_g = \rho_m \frac{\pi}{4} D^2 L = 0.064 \times 0.785 \times (1.2 \times 10^{-9})^2 \times 0.01$$
$$= 7.23 \times 10^{-22}\ \text{kg}$$

折合质量 $m_r = \dfrac{m_g m_t}{m_g + m_t} \approx m_g = 7.23 \times 10^{-22}$ kg。

研究发现,超长碳纳米管在漂浮生长过程中,其最大漂浮高度至少为 1.5 mm,按照第 2 章中方石英反应器矩形流体通道内速度分布数学模型,取 $y = 4.5$ mm,则碳纳米管在该处的漂浮速度为

$$V = u_x = \frac{3u}{2y_0^2}(y_0^2 - y^2) = \frac{3 \times 1.82 \times 10^{-3}}{2 \times (6 \times 10^{-3})^2} \times$$
$$\left[(6 \times 10^{-3})^2 - (4.5 \times 10^{-3})^2\right] = 1.2\ \text{mm/s}$$

关于折合碰撞积分 $\Omega_{s(d)}^{(1,1)^*}$ 的求解，Li 等给出不同扩散类型的解值。当碰撞为反射碰撞时，$\Omega_{s(d)}^{(1,1)^*} = \dfrac{4}{3}$；当碰撞为扩散碰撞时，$\Omega_{s(d)}^{(1,1)^*} = 1 + \dfrac{3\pi^2}{64}$。这样，碳纳米管在漂浮过程中受到的曳力便可有数值解。在针对数学模型建立过程中，我们把碳纳米管截面尺寸和在气流中的漂浮速度作为变量，得到下面曳力表达式：

$$F_D = \frac{1}{2}\sqrt{2\pi m_r kT}\, N\sqrt{\frac{4S}{\pi}}\,\Omega_{s(d)}^{(1,1)^*}\, V\mathrm{d}x$$

$$= P\sqrt{\frac{4S}{\pi}}V\mathrm{d}x\left(P = \frac{1}{2}\sqrt{2\pi m_r kT}\,N\Omega_{s(d)}^{(1,1)^*}\right) \tag{5.6}$$

则碳纳米管所受合力为

$$\mathrm{d}F_x = F_x - F_{x+\mathrm{d}x} - F_D = -\frac{\partial F_x}{\partial x}\mathrm{d}x - F_D$$

$$= SE\frac{\partial^2 \delta}{\partial x^2}\mathrm{d}x - P\sqrt{\frac{4S}{\pi}V\mathrm{d}x} \tag{5.7}$$

由牛顿第二定律得：

$$SE\frac{\partial^2 \delta}{\partial x^2}\mathrm{d}x - P\sqrt{\frac{4S}{\pi}V\mathrm{d}x} = \rho S\mathrm{d}x\frac{\partial^2 \delta}{\partial t^2} \tag{5.8}$$

边界条件(B.C.)为

$$\left(\frac{\partial \delta}{\partial x}\right)_{x=0} = -\frac{F_a}{ES}\sin wt$$

$$\delta_{x=L} = 0$$

　　由此可见，在声场和气流场叠加的复合场作用下，漂浮的超长碳纳米管已经不能像在一般的气流场中那样稳定地伸长生长。在曳力和简谐外力作用下，漂浮的超长碳纳米管处于振荡的不稳定态，将对流体中的扰动格外敏感。其实，在我们过去的研究中已经发现，气流和声场的耦合作用会打破原有的悬空碳纳米管与平稳气流之间的平衡态，使得碳纳米管跟随气流运动。也有实验表明，碳纳米管很容易通过原位生长或是后期排列的方法形成诸如蛇纹管、纳米环或者线圈等特殊形态[136-138]，可见碳纳米管具有良好的柔韧性，这种柔性和良好的气流跟随性使得依靠声场原位组装一维超长碳纳米管制备超长碳纳米管线团成为可能。与文献中报道的一个流体力学实验类似[139]，如图 5.3 所示，在我们新设计的宽高比为 120/12 的微通道层流反应器中,碳纳米管线团的生长气流是一类平板泊肃叶流动,起初反应器内的流场是双抛物线形,而后由扬声器产生声波,经由反应器壁面小孔产生射流,干扰原本平稳的层流流场。不同点在于碳纳米管线团生长气流的雷诺数为 10^{-2},因此它同时也是一种微流动。在此,由声波产生的振动造成了微观尺度的扰动。如实验所报道的,30 Hz 或 50 Hz 的低频振动便可对雷诺数为 1000 的流动造成 17% 或 14% 的速度脉动,而后产生湍动能和亚临界层流向湍流过渡[139]。相应地,我们体系中采用的 15～35 Hz 振动理应造成微观尺度的速度脉动和薄层流体间的剪切,进而发展成为小尺度的涡流。正如涡动力学方程(5.9)所示[140],这些涡流主要是由体系中较低的雷诺数带来的较大的黏性扩散所导致的(ω 代表涡量,υ 代表流体动力学黏度,在二维流动中对流项和拉伸项忽略不计)。

$$\frac{\partial \omega}{\partial t} = \upsilon \nabla^2 w \tag{5.9}$$

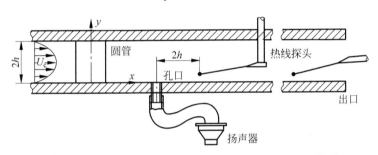

图 5.3　文献报道的利用声波扰动流场形成涡实验装置[139]

此外,如果我们把单根漂浮碳纳米管视为研究对象,其漂浮高度有几十到几百微米,碳纳米管间距在 100 μm 以上,其流动也可类比为微机电系统中的微流动[141]。体系的努森数介于 10^{-3}～10^{-2},所以滑移流为主要的运动形态[141]。报道的实验和模拟结果显示,这种滑移流与流动距离并非线性关系[142]。并且按照方程(5.10)所示[143](p 代表压力,ρ 代表流体密度),压力梯度是涡演变的另一原因。

$$\frac{1}{\rho} \frac{\partial p}{\partial x} = -\upsilon \frac{\partial \omega}{\partial y} \tag{5.10}$$

随着涡不断向下游传递,它们会聚集成为更大的涡,彼此相互作用,或拉伸或旋转,最后消耗至最低能量,形成更小的涡。由于这种相互作用具有空间对称性,这些涡会发展成为各向同性,形成一个个小圆环[144],即碳纳米管线团的内部二级结构。我们把单根超长碳纳米管经由上述一系列过程最终形成具有特殊环状二级结构线团的过程称为"声诱导涡机制"（acoustic-induced vortex mechanism）。此外，这些二级结构小圆环的尺寸与涡的最小尺度和声波的频率似有密切联系。探究碳纳米管线团的形貌与声波之间的关系不仅有助于实现碳纳米管线团的可控制备，也有利于推动和发展一维纳米线的动态精准自组装相关技术。

5.1.2 碳纳米管线团的声辅助制备

采用化学气相沉积方法制备超长碳纳米管的过程与很多因素有关，如反应温度、气速、反应物组成和气流，其中气流的稳定性对于控制碳纳米管的形态起到关键作用。我们特殊设计的微通道层流反应器，具有较大的宽高比（120∶12），这种扁槽形反应器大大减少了气流在径向上的速度脉动，从而有效保证了反应气流在反应过程中的稳定性。但气流也因此对流场中的扰动变得格外敏感，使得在气流场和声场耦合作用下，原本漂浮的超长碳纳米管容易卷绕成碳纳米管线团。图 5.4(a) 是在声波频率为 30 Hz、气速为 1.7 mm/s 条件下制备的碳纳米管线团，该碳纳米管线团系由 150 mm 长单根碳纳米管在声诱导涡的机制下卷绕而成，在卷绕的过程中形成了上百个次级小圆环，圆环的平均直径为 $18.7 \pm 0.35 \ \mu m$，整个线团的面积达到 $10^4 \ \mu m^2$。在这一反应条件下，催化剂的活性概率可以达到 92%，根据 Schulz-Flory 分布规律，对于这一活性概率条件，长度大于 150 mm 的碳纳米管数量相比催化剂区域会减少 66.7%，碳纳米管间的距离为 2~6 mm，这样稀疏的阵列密度可以保证碳纳米管线团是由单根超长碳纳米管卷绕而成，因为所制备的碳纳米管线团宽度均在几百微米，远小于碳纳米管间距。并且碳纳米管间距会随着碳管长度增加而进一步增大，从而为制备更大面积的碳纳米管线团创造了可能。

此外，线团中碳纳米管的平均密度达到 100 根/(100 μm)，局部区域的最大密度达到 1000 根/(100 μm)。正如我们在本章一开始提到的，IBM 认为，要想实现基于碳纳米管的高性能电子器件应用，碳纳米管的密度要达到 125 根/μm。但我们一直忽视的前提是，这是建立在直径为 1 nm 的单壁碳纳米管基础上，并假定单根碳纳米管的电流输出为 3 μA。最新研究表明，单根全半导体性三壁碳纳米管的电流输出可以达到 17 $\mu A^{[42]}$，是单壁碳纳米管的近 6 倍，在达到相同总电流输出 0.375 mA/μm 的条件下，三壁碳纳米管的密度只需达到 22 根/μm 即可满足高性能碳纳米管电子器件的需求[99]。直接采用声诱导涡方法原位制备的碳纳米管线团局部最大密度达到 1000 根/(100 μm)，说明已经可以达到这一密度要求的一半，如果再进一步实现更长碳纳米管的原位卷绕或采用后期致密化的方法提高碳纳米管线团的密度，便有望实现既定的电流密度，从而推动基于碳纳米管线团的高性能电子器件应用。为了进一步分析碳纳米管线团的结构，采用醋酸纤维素薄膜转移硅基底表面的碳纳米管线团进行透射电子显微镜表征。根据图 5.4(b) 球差透射电子显微表征分析，该碳纳米管线团由三壁碳纳米管卷绕而成。由 SEM 和 TEM 图像分析可见，碳纳米管线团在高倍率和低倍率视场下均保持环状次级结构，且圆环的直径在 10～20 μm（图 5.4(c)～(f)）。这种自组装形成的特殊碳纳米管结构与以往报道的蛇形碳纳米管在形成机理上有显著差别。蛇形碳纳米管的形成遵循"降落的意大利面"（falling spaghetti）机理[136]，是气流导向和晶格导向的叠加作用机理。而碳纳米管线团遵循"声诱导涡"形成机理，是气流场和声场叠加作用的结果。

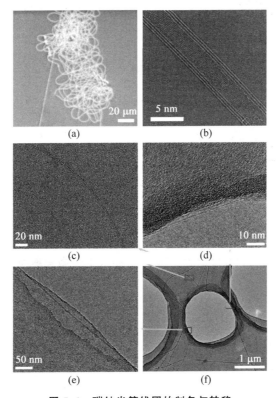

图 5.4　碳纳米管线团的制备与转移

(a) 碳纳米管线团的扫描电子显微图像，制备条件为频率：30 Hz；气速：1.7 mm/s；(b) 碳纳米管线团的球差校正透射电子显微图像；(c)～(f) 转移后的碳纳米管线团的高分辨透射电子显微图像观察比较不同的碳纳米管线团,可以发现,不同的碳纳米管线团具有不同的次级圆环平均直径,我们猜测这与制备过程中采用的生长条件和声波状态有关。为此,精细地调控碳纳米管线团的制备条件,其中,气速选用我们过去探究的制备超长碳纳米管的最优气速[39]($1.2\ mm/s$, $1.7\ mm/s$)。受雷诺数和努森数的影响,气速存在两个最优值。在其他条件不变的情况下,这两个气速对应的催化剂活性概率具有大小相当的局部最优值。通过调变声波频率,我们发现所制备的碳纳米管线团面积在 $1\times10^4\sim3\times10^4\ \mu m^2$ 波动。并且,声波频率(f)、气流速度(u)和碳纳米管线团的次级圆环直径(D)满足斯特鲁哈尔数(Strouhal number)模型[145-148],如图 5.5 所示。

$$St = \frac{fD}{u} \tag{5.11}$$

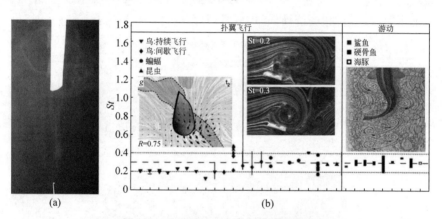

图 5.5 自然界中的斯特鲁哈尔数模型

(a) 外加声波诱导烟雾中形成涡团的模拟视频截图;(b) 飞行生物和水生生物挥翅、摆尾动力学过程的斯特鲁哈尔数统计[145-148]

这个无量纲参数模型常常被用来描述水生生物摆尾和飞行生物挥翅过程的动力学普适规律(图 5.5)。生物在摆尾或挥翅的同时会扰动后方的流场,形成一系列涡的团簇,而这些涡在耗散的同时会产生一个反向的驱动力,推动生物继续前行。实际上,更为机理性的分析是 Feigenbaum 在研究非线性映射时给出的 Feigenbaum 数:4.6692,即由层流到湍流过程中可以利用熵最大所产生的熵驱动使过程能量最小,对于一个非线性系统,这个迭代距离是 4.6692。研究发现,为了获得更大的前进效率,生物摆尾或挥翅的频率、产生涡的直径和前进的速率之间满足斯特鲁哈尔数模型。由自然选择决定的,St 的大小总位于 0.2~0.4 范围内。同时,Feigenbaum 数的倒数(0.214)也在这一范围内,这意味着只要用 21% 左右的能量驱动,便可以使得生物在摆尾或挥翅过程中利用熵驱动以一种最低能量耗散的方式高效运动。类似地,我们发现,这一熵驱动规律在碳纳米管线团的制备这一纳米尺度下同样满足。在最优气速下,通过调控声波频率,所制备的碳纳米管线团次级圆环直径均符合 Feigenbaum 数的倒数关系,且 $0.2 < St < 0.4$(图 5.6(a),(b))。这一规律为我们提供了一种碳纳米管线团规模与次级结构的调控策略,即在斯特鲁哈尔数模型的基础上改变声波频率。据此,可

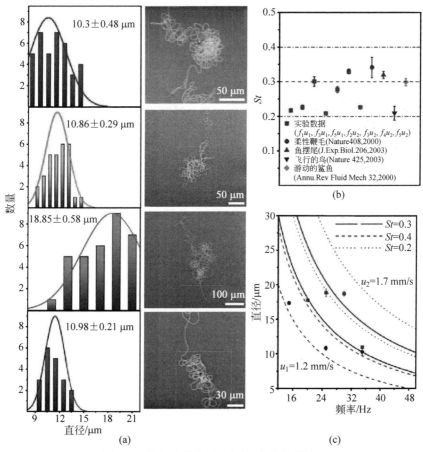

图 5.6　碳纳米管线团的制备(见文前彩图)

(a) 不同条件下制备的碳纳米管线团及其次级圆环直径分布统计,从上至下的反应条件:$f = 35$ Hz,$u = 1.2$ mm/s;$f = 25$ Hz,$u = 1.2$ mm/s;$f = 25$ Hz,$u = 1.7$ mm/s;$f = 35$ Hz,$u = 1.7$ mm/s;(b) 不同条件下制备的碳纳米管线团和自然界生物的 St 数比较,实验数据中,f_1 到 f_5 为 15~35 Hz 依次间隔 5 Hz,$u_1 = 1.2$ mm/s,$u_2 = 1.7$ mm/s;(c) 声波频率与碳纳米管线团次级圆环直径控制曲线,蓝色线表示反应气速为 1.2 mm/s,红色线表示反应气速为 1.7 mm/s

以得到相应的操作曲线(图 5.6(c)),通过调变声波的频率和气流速度可实现对流场中涡尺度的控制,进而控制碳纳米管线团的面积。经检验,在不同条件下制备的碳纳米管线团实验数据均在操作线范围内。但是,需要注意的是,制备碳纳米管线团所采用的声波频率需限定在 10~40 Hz 范围内,因为过高的频率会使得碳纳米管被声波震断,频率过低的话,声波对碳纳米管的形态将不发挥作用。根据上述分析,我们可以发现,水平阵列碳纳米管的准直性会受到声波与气流熵驱动耦合作用的影响。这种相互作用与干扰可以实现单根超长碳纳米管原位卷绕,原本漂浮生长的碳纳米管准直性也会因此下降。

5.1.3　磁控气流编织法制备碳纳米管线团

从上面的分析可以看出,采用声波辅助方法实现超长碳纳米管卷绕制备碳纳米管线团的技术关键在于利用了微通道层流反应器对于外界扰动的敏感响应[99]。比较而言,一般的管式反应器相比微通道层流反应器具有更大的径向速度梯度,对轻微的流体扰动具有抗性,所以当采用相同的声波发生装置和频率时,在管式反应器中很难实现相同的碳纳米管卷绕效果甚至对碳纳米管的形态无影响。因此,针对管式反应器开发了磁控气流编织方法,通过在管式反应器内外增加磁场来控制生长基底的移动,刻意在气流场中制造强扰动,使单根超长碳纳米管可以实现相同甚至更为剧烈的卷绕效果。

所用的实验装置如图 5.7 所示,将生长基底置于石英舟载体中,并由细铁丝牵引,细铁丝与反应器外的滑动磁铁装置通过磁力作用相互吸引,形成一关联系统,二者可以同步移动。所述滑动磁铁装置系由一对固定于水平横梁两端的磁铁和移动滑轨组成,水平横梁固定于滑轨上,滑轨的移动速度和方向由伺服电动机控制。为了增大细铁丝与磁铁之间的磁力吸引作用,可以将铁丝与磁铁的吸引端改为一面积较大的铁片,从而增大二者的接触面积和磁力作用。反应气流由反应器左端流入,右端流出,在生长基底表面裂解制备超长碳纳米管,碳纳米管由气流曳力控制并维持漂浮状态。维持超长碳纳米管正常生长一段时间后,启动伺服电动机,当控制关联系统以 8 mm/s 的速度和气流同方向移动时,超长碳纳米管原位卷绕制备面积为 0.1 mm^2 的碳纳米管线团,内部次级圆环平均直径为 26 μm。当控制关联系统以 14 mm/s 的速度和气流反方向移动时,超长碳纳米管原位卷绕制备面积为 0.07 mm^2 的碳纳米管线团,内部次级圆环平均直径为 19 μm,如图 5.8 所示。

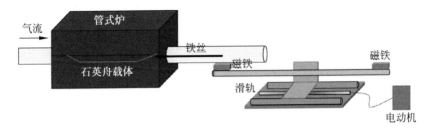

图 5.7　磁控气流编织法制备碳纳米管线团实验装置示意图

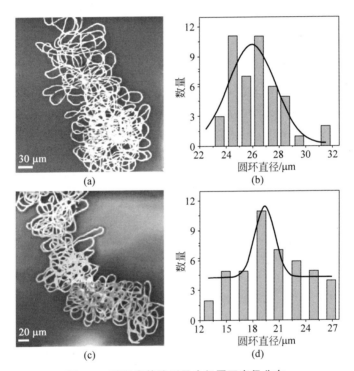

图 5.8　碳纳米管线团及次级圆环直径分布

(a),(b) 关联系统以 8 mm/s 的速度和气流同方向移动时制备的碳纳米管线团及次级圆环直径分布；(c),(d) 关联系统以 14 mm/s 的速度和气流反方向移动时制备的碳纳米管线团及次级圆环直径分布

　　可见,通过在反应器外控制关联系统的移动可以引起气流的局部扰动,进而使得原本漂浮的超长碳纳米管原位卷绕成大面积碳纳米管线团。另外,根据上述碳纳米管线团的制备结果可以看出,碳纳米管线团的尺寸与关联系统的移动速度和方向有密切联系。我们猜测,在关联系统不同的移动

模式下,会引发流场中形成不同尺度的涡流,从而使得超长碳纳米管以不同的方式进行卷绕。为了进一步分析关联系统的移动对局部气流场的影响,采用 Fluent 软件进行了模拟分析。对于模型分析,做出如下假设:

(1) 石英舟薄片足够薄,其厚度忽略不计;则石英舟可简化为滑移壁面边界,由于流体分子和固体表面接触,即使石英玻璃表面非常光滑,其微观表面仍为凹凸不平状态,气体分子可充分填充于微观表面间隙处,因而设定表面与气体流体无滑移。

(2) 混合气体流体的黏度为 4.05×10^{-5} N·s/m²,混合气体密度为 0.0639 kg/m³。气流量为 75mL/min,则流体的平均速度为

$$\bar{v} = \frac{Q}{S} = \frac{\frac{75}{60} \times 10^{-6}}{\pi \cdot \left(\frac{31 \times 10^{-3}}{2}\right)^2} = 1.626 \times 10^{-3} \text{ m/s} \tag{5.12}$$

混合气体在反应器中流动,其雷诺数为

$$Re = \frac{\rho VD}{\mu} = \frac{0.0639 \times 1.626 \times 10^{-3} \times 31 \times 10^{-3}}{4.05 \times 10^{-5}} = 0.0795 \tag{5.13}$$

在雷诺数较小的状态下,气体流体处于层流状态,应采用层流算法,且反应器内各点的气压值保持相对稳定状态。

在高温状态下,气体的导热系数随温度的升高而增大,在处理实际问题时($t = 500 \sim 1000$℃),可取:

H_2 的导热系数为

$$\lambda_{H_2} = \left[2.86t + 1610 - ABS\left((t - 750) \times \frac{20}{250}\right)\right] \times 10^{-4} \tag{5.14}$$

CH_4 的导热系数为

$$\lambda_{CH_4} = \left[1.516t + 234 + ABS\left((t - 250) \times \frac{26}{250}\right)\right] \times 10^{-4} \tag{5.15}$$

代入式中可求得在 $t = 1000$℃的工况下,$\lambda_{H_2} = 0.445$W/(m·K),$\lambda_{CH_4} = 0.183$W/(m·K),而混合气体在 1000℃下的导热系数为

$$\lambda_m = \frac{\sum \lambda_i y_i M_i^{1/3}}{\sum y_i M_i^{1/3}} \tag{5.16}$$

其中,λ_m 为混合气体的导热系数;λ_i 为常压下组分 i 的导热系数;M_i 为组分 i 的分子量;y_i 为混合气体中组分 i 的摩尔分数。将各参量代入式(5.16)中可求得混合气体的导热系数 $\lambda_m = 0.4067$ W/(m·K)。

（3）计算流体力学软件均采用欧拉法进行求解，在欧拉法求解时流体入口区域存在入口效应，为了消除入口效应的影响，对入口网格边界层进行加密，并设定一定长度的入口过渡带。

（4）反应器内流体流动分为两个状态：一是稳定阶段，该阶段内假定流体经过无限长时间，并且内部流场已处于稳定层流状态，处理时应采用Fluent 稳态求解器进行求解；二是石英舟运动阶段，考虑石英舟的运动是否会对反应器内部流场有影响，由于石英舟是运动状态，且在石英舟运动状态下，每一时刻的流场都在改变，因而需要采用非稳态算法求解。

对于模型前处理，模型采用 Pro-e 软件进行几何建模；采用 hypermesh软件进行模型边界设定和网格划分，模型直径为 31 mm，长为 890 mm，网格模型的单元总数为 410 112。模型采用双精度-压力求解器进行求解。

测算了当关联系统和气流以相同方向运动，移动速度分别为 1 mm/s，2 mm/s，3 mm/s，3.5 mm/s，3.75 mm/s，3.85 mm/s，4 mm/s 时，反应器内流场随时间的变化。得到结论，石英舟侧不会产生旋涡，而当拉速超过3.85 mm/s 时，由于固体石英舟对气体的拉动作用，在非石英舟侧会产生旋涡，旋涡呈细长形状，从石英舟端部延伸至出口，且随着时间的推进，旋涡区面积随之增大，并在 1.0～2.0 s 后达到稳定状态；若拉动石英舟作用不停止，旋涡区不会消失。在拉速达到 3.85 mm/s 后，随着拉速的增加，回流区面积增大。旋涡区总出现在速度较低且速度梯度较大的一侧。下面给出两种拉动速度（3.5 mm/s 和 4 mm/s）情况予以说明。

当拉动速度为 3.5 mm/s 时，反应器内的流线随时间有微小的变化，但并没有形成旋涡，如图 5.9 所示。

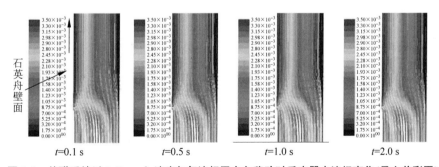

图 5.9 关联系统以 3.5 mm/s 速度与气流相同方向移动时反应器内流场变化（见文前彩图）

当拉动速度为 4 mm/s 时，如图 5.10 所示，在反应器内的非石英舟侧形成了旋涡，该旋涡区由石英舟一侧到石英管出口呈现细长形状，且在前期随着时间的递进,旋涡区的面积逐渐增大,大约在 1 s 后,旋涡区进入稳定状态。在靠近非石英舟的一侧,气体的流速约等于 0,这说明在该工况下,该区域产生旋涡回流,气体无法从出口流出。

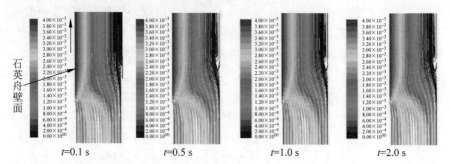

石英舟壁面

t=0.1 s　　　　t=0.5 s　　　　t=1.0 s　　　　t=2.0 s

图 5.10　关联系统以 4 mm/s 速度与气流相同方向移动时反应器内流场变化(见文前彩图)

另外,我们测算了当关联系统和气流以相反方向运动,移动速度分别为 0.2 mm/s,0.3 mm/s,0.4 mm/s,0.5 mm/s,1 mm/s 时,反应器内流场随时间的变化。得到结论,当反向推动石英舟速度超过 0.2 mm/s 时,流场内即可产生旋涡,且旋涡区靠近石英舟表面侧,旋涡区从石英舟端部向出口处延伸并呈现细长状,且随着推动速度的增加,旋涡区面积增大;若推动石英舟作用不停止,旋涡区不会消失。需要指出的是,实际状况下石英舟不能完全简化为壁厚为 0 的模型,因而在实验过程中,旋涡产生的极限速度值可能小于本模型的速度值。图 5.11 给出拉动速度为 1 mm/s 的情况予以说明。

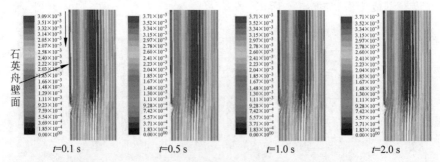

石英舟壁面

t=0.1 s　　　　t=0.5 s　　　　t=1.0 s　　　　t=2.0 s

图 5.11　关联系统以 1mm/s 速度与气流相反方向移动时反应器内流场变化(见文前彩图)

可见,当关联系统沿与气流相同方向移动时,拉速超过 3.85 mm/s 后气流场中沿非石英舟侧会出现涡流,并且在 1~2 s 涡流区会达到稳定状态。而当关联系统沿与气流相反方向移动时,拉速超过 0.2 mm/s 后气流场中沿石英舟侧会出现涡流。说明当关联系统与气流沿相反方向移动时,拉动速度的临界值更低,更容易在气流场中形成涡流,并且两种情况下,涡的面积均可以通过调控关联系统的移动速度进一步精细调节。图 5.12 为实际统计的碳纳米管线团尺寸随关联系统移动方向和速度的变化关系。可以看出,当关联系统与气流沿相同方向移动时,所制备的碳纳米管线团具有更大的次级圆环平均直径,相应地,碳纳米管线团的面积也更大。我们猜测,这是由于当石英舟与气流同向运动时,产生的涡流集中在漂浮碳纳米管上方,而当石英舟与气流反向移动时,涡流更多集中在石英舟壁面,实现碳纳米管卷绕的效率较低。但从这些结果足以看出,磁控气流编织法为在管式反应器中实现一维纳米线的原位组装提供了一种高效而可控的技术方案。

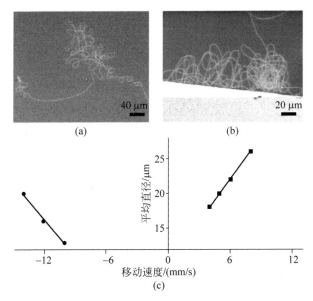

图 5.12　磁控气流编织法制备碳纳米管线团的尺寸控制

(a) 关联系统与气流沿相反方向移动时制备的碳纳米管线团;(b) 关联系统与气流沿相同方向移动时制备的碳纳米管线团;(c) 碳纳米管线团的次级圆环平均直径和关联系统移动速度关系曲线

移动速度的正负分别代表关联系统与气流沿相同和相反方向移动

5.2　单色碳纳米管线团的高效分拣

由于缠绕形成的碳纳米管线团来源于同一根超长碳纳米管,因此理论上具有完全一致的手性结构。但是考虑到碳纳米管的光学极化特性,对于碳纳米管线团这种弯曲结构很难直接通过光学表征获得全貌,并且从不同视角观测将得到不同的碳纳米管线团形貌。为此,我们将碳纳米管线团样品置于瑞利散射光学显微镜平台,通过旋转载物台,获取不同角度下的碳纳米管形貌,得到图 5.13。将不同角度拍摄的碳纳米管线团图像合并可以得到单色碳纳米管线团的全貌(图 5.14(a)),所得到的瑞利散射图像与扫描电镜图像具有一致的对应关系。对碳纳米管线团不同位置处分别进行拉曼和瑞利散射表征,单一颜色和相同的 RBM 峰位证明碳纳米管线团具有全同手性,拉曼光谱中 $1350~\mathrm{cm^{-1}}$(D 峰)处没有明显峰证明碳纳米管线团具有完美结构。

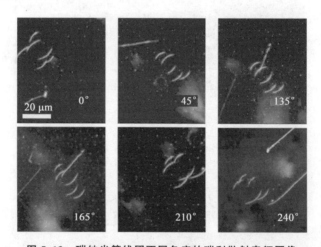

图 5.13　碳纳米管线团不同角度的瑞利散射表征图像

瑞利散射光谱表征提供了一种碳纳米管的实时真彩色光学可视化表征[62],可以通过碳纳米管在超连续激光共振激发下的颜色直接鉴别碳纳米管的手性一致性,对不同手性的碳纳米管进行有效筛分。同时,可以根据如图 5.14 所示的光谱给出具体手性碳纳米管的吸收共振峰,方便我们进一步选取特定波长的单线激光进行高效筛选和分离。以往对于不同手性碳纳米管阵列的筛分需要通过拉曼面扫描模式逐个鉴别碳纳米管的手性[149],然后再进行标记和筛选,常常需要耗费大量的时间和精力在碳纳米管的定位上。但对于碳纳米管线团而言,通过将单根分米级以上长度的超长碳纳米管卷绕成大面积碳纳米管线团,可以将单根碳纳米管的识别与分离转变为对微小颗粒的检测。这种微米级颗粒尺度为纳米线材料的定位提供了极大的便利性和可操作性,同时在超连续激光激发下,具有弯曲结构的碳纳米管线团更容易出现曲率诱导增强的光学效应,因此,极大程度上优化了单手性碳纳米管的识别与分离。

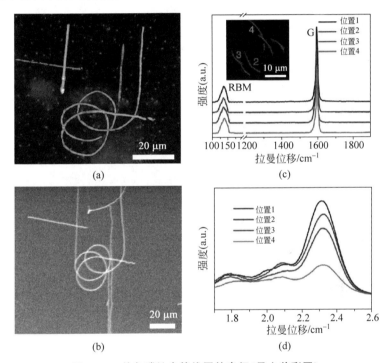

图 5.14　单色碳纳米管线团的表征(见文前彩图)

(a),(b) 同一碳纳米管线团的瑞利散射和扫描电镜图像; (c) 碳纳米管线团不同位置处的拉曼光谱; (d) 碳纳米管线团不同位置处的瑞利光谱

5.3　单色碳纳米管线团的电子器件

为了进一步探究超长碳纳米管及单色碳纳米管线团在电子器件中的电学行为,验证其在碳基电子器件中的应用范式,用不同导电属性的碳纳米管线团作为沟道材料制作了底栅场效应晶体管器件。相比于单根超长碳纳米

管,碳纳米管线团具有大面积、二维无序缠绕等特征,采用插指器件结构更有利于充分利用碳纳米管线团的每一部分,实现全局的电流传输,进而提高器件的电流传输密度。对于具体的器件加工,首先在硅/氧化硅基底表面的碳纳米管线团上用电子束光刻和高真空电子束蒸镀工艺沉积钛/金(5 nm/40 nm)作为接触电极,然后采用相同的工艺沉积 70 nm 厚的金属钯,所制作的插指器件沟道长度为 700 nm,电学测量采用 Keithley 2612B,在室温和大气环境下进行。器件结构如图 5.15(a),(b)所示,一组相互交叉的栅形电极压在碳纳米管线团表面作为接触电极,栅形电极两端各有一个宽的条形电极,可用于与探针接触并实现电流传输和测量。由图 5.15(d)中非线性的电流-电压关系曲线可以看出,金属电极与碳纳米管之间形成了良好的欧姆接触。

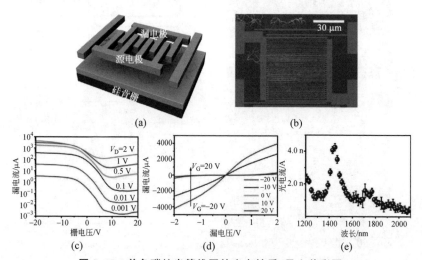

图 5.15　单色碳纳米管线团的光电性质（见文前彩图）

（a）碳纳米管线团的插指晶体管器件结构示意图；（b）晶体管器件的 SEM 表征图像；（c）不同漏电压下碳纳米管线团器件的转移特性曲线；（d）不同栅压下的碳纳米管线团器件的输出特性曲线；（e）碳纳米管器件的光导谱

　　通过探针在碳纳米管线团器件源漏两端施加不同的漏电压,测试器件的栅电压-漏电流转移特性曲线。由图 5.15(c)可以看出,在不同的漏电压下,器件的开关比(开态电流与关态电流的比值)均大于 1000。可见,作为沟道材料的碳纳米管线团是由全半导体性碳纳米管卷绕而成。并且,在漏电压为 2 V 的条件下,器件的最大开态输出电流达到 4.4 mA,说明基于碳纳米管线团构筑的电子器件可以兼顾实现高电流输出和高开关比电学特性。同时,这一毫安级的电流输出也是目前基于单根碳纳米管器件的最高输出电流记录。与其他同类采用碳纳米管制作的器件相比,碳纳米管线团具有较高的电流输出密度,可以满足多数主流电子器件的应用需求[73,130,132,150-151],如光探测器、射频电路等,同时也接近逻辑电路的应用标准(图 5.16(a))。在光效应方面,从图 5.15(e)可以看出,碳纳米管线团器件对短波红外有敏感响应,光电流达到 4 nA,说明碳纳米管线团具有手性一致性并且在光电器件领域具有优异的应用优势。此外,这种电学测量的方式也可以为确定碳纳米管线团的平均面密度提供一种有效措施。考虑到碳纳米管线团由单根超长碳纳米管卷绕而成,其形态常常表现为在线团的前端有单独的一段碳纳米管,可以在碳纳米管线团和单独的碳纳米管表面同时搭接金属电极构筑晶体管器件。在已知碳纳米管壁数的前提下,根据两个器件输出电流的比值可以确定碳纳米管线团的平均面密度。图 5.16(b)为金属性碳纳米管线团构筑的晶体管器件,开关比小于 10。从其器件结构可以看出,上边缘和下边缘分别只压在了一节碳纳米管上,而中间的插指部分压在了碳纳米管线团上。由这三者的转移特性曲线可以看出,插指部分的最大开态电流是边缘部分的 10 倍以上,说明碳纳米管线团的平均面密度为 10 左右。另外,上下两个边缘部分的转移特性曲线基本重合,表明单根碳纳米管经缠绕形成碳纳米管线团后的结构与性能依然保持不变,进一步证明了碳纳米管线团及单根超长碳纳米管的手性一致性。

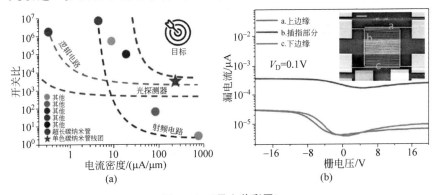

图 5.16　(见文前彩图)

(a) 碳纳米管器件应用标准与不同类型碳纳米管性能比较,所示标准为将 IBM 所提的碳管密度和半导体纯度指标转化为电学可测量值,分别对应电流密度和开关比,这里假设碳管开态电流为 $10 \mu A$;(b)金属性碳纳米管线团晶体管器件的转移特性曲线,内图为器件的 SEM 图,比例尺为 $50 \mu m$

　　实际上,在过去基于碳纳米管的电学应用中,以多壁碳纳米管作为沟道材料并不受到推崇,包括 IBM 所提出的高性能碳纳米管基电子器件应用指标也只是针对单壁碳纳米管。这其中的主要原因在于,在全部的手性碳纳米管中,金属性碳纳米管占 1/3,这意味着对于一根三壁碳纳米管来说,其中一壁是金属性的概率极高。由于多壁碳纳米管用作沟道材料时,所有管层会同时传输电流,如果有任一管层是金属性,器件的通断便不受栅极控制甚至容易击穿金属电极[64]。然而,采用我们的方法制备的少壁碳纳米管,用作沟道材料所制作的晶体管器件开关比高达 $10^5 \sim 10^7$(图 5.17),并且输出电流很容易超过 15 μA,远远优于单壁碳纳米管所能达到的输出电流水平。但是,从图 5.15 中的电学测试结果来看,当单根碳纳米管卷绕成碳纳米管线团后,器件的开关比会下降至 $10^3 \sim 10^5$。为了探究卷绕对碳纳米管电学性能的影响,我们分析了一根波浪形碳纳米管所制作的晶体管器件性能。

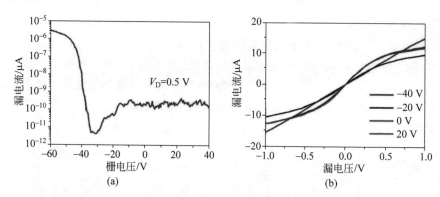

图 5.17　基于单根超长碳纳米管构筑的晶体管器件转移
(a)和输出(b)特性曲线(见文前彩图)

　　如图 5.18(a)所示,一根超长碳纳米管在气流扰动下形成曲折波浪形碳纳米管。碳纳米管经历一个折回形成两节碳纳米管,两个折回便形成三节碳纳米管,这种结构可以方便我们探究碳纳米管的曲折回环结构对其电学性能造成的影响。为此,我们将金属电极分别与折回形成的两节碳纳米管(图 5.18(a)中标记"2"的位置)和三节碳纳米管(图 5.18(a)中标记"3"的位置)进行接触,同时与单节碳纳米管接触制作的器件(图 5.18(a)中标记"3"的位置)进行对比。图 5.18(b),(c)分别是折形碳纳米管的转移和输出特性曲线。随着电极所接触的碳纳米管节数增多,输出电流也随之增加。

但是,当碳纳米管节数由一节增加到三节时,器件的开关比下降一个数量级,这与碳纳米管线团器件开关比有所降低的结果保持一致。我们由此猜测,随着金属电极所接触的碳纳米管节数增多,电学特性发生改变极有可能是因为碳纳米管在回环弯曲过程中产生了较大的应力。这会导致器件中产生额外的电阻[152],进而等效提高了碳纳米管的带隙,降低了碳纳米管的电导。如图 5.18(d)~(f)所示,在关态下,这种效应对于电子和空穴的影响是等效的,弯曲的碳纳米管由于应力导致的电阻增加使得导带和价带同等程度的改变,由蓝色线位置扩张到红色线位置。但是,在开态下,载流子的电学行为会因碳纳米管的壁数不同而有所差异。以单壁碳纳米管和双壁碳纳米管为例,不管碳纳米管弯曲与否,价带在开态下均会处于费米能级处(由于对称的双极性特征,碳纳米管和金属电极的费米能级重合)。然而,对于弯曲的双壁碳纳米管而言,尽管和单壁碳纳米管一样,在弯曲的过程中会产生较大的应力,但双壁碳纳米管的内层在开态状态下也会传输电流,从而削弱了碳纳米管由于弯曲带来的电阻增加效应,在能带中表现为导带升高的程度不如单壁碳纳米管。可见,单壁碳纳米管和双壁碳纳米管在弯曲和

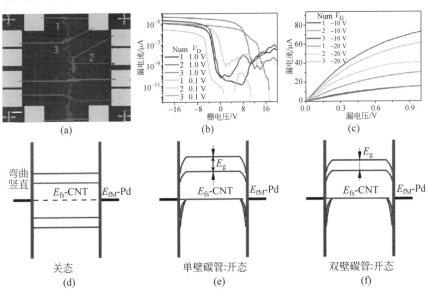

图 5.18　波浪形碳纳米管的电学性能与行为分析(见文前彩图)

(a) 电学器件结构,比例尺为 50 μm;(b),(c) 不同节数碳纳米管的转移和输出特性曲线;

(d)~(f) 器件的能带示意图

E_{fs} 为费米能级,E_g 为弯曲和竖直碳纳米管的导带能量差

竖直状态下关态一致,但双壁碳纳米管的开态会受到抑制,因而表现出更低的开关比。尽管如此,用半导体性碳纳米管卷绕形成的碳纳米管线团器件开关比仍然可以达到 10^5 以上,并且展现出了优异的电流密度和手性结构一致性,在新一代碳基电子器件领域具有显著优势。

这种单色碳纳米管线团由单根结构完美的超长碳纳米管卷绕而成,具有平方毫米级的面积,可实现 4 mA 以上的电流输出,相较原有单根碳纳米管电流输出提高 1000 倍以上,是迄今为止基于单根碳纳米管的最高输出电流记录。由这种大面积单色碳纳米管线团构筑的器件展现了诸多碳基电子奇特的光电特性,目前,我们正在联合开发基于这种单色碳纳米管线团的大规模集成电路及光学器件,以期充分挖掘这种新型材料在微电子领域的高端应用(图 5.19)。

图 5.19　一种高电流输出碳纳米管线团的技术发展路线图

5.4　小　　结

本章针对超长碳纳米管密度低、分离难度大等问题,发展了一套原位气流法组装与操纵的方法。借助于微通道层流反应器对气流扰动的敏感响应,通过在超长碳纳米管生长后期引入一定频率和振幅的声波,使漂浮的碳纳米管在平板泊肃叶流动中受涡流扰动,原位卷绕成平方毫米级的碳纳米管线团。这种线团的次级圆环直径、声波频率与反应气速之间满足斯特鲁哈尔数和费恩鲍姆数模型预测的最低能量耗散规律,可以依靠调控声场和气流场参数精细控制碳纳米管线团的尺寸。另外,通过在管式反应器外引入磁力辅助装置,控制生长基底在反应过程中的移动速度和方向,从而扰乱气流场,在局部涡流的作用下同样实现了大面积碳纳米管线团的可控制备。瑞利散射证明这种碳纳米管线团具有单一颜色和全同手性,并可以根据其颜色进行金属性和半导体性碳纳米管的直接筛选与分离。基于半导体性碳纳米管线团构筑的晶体管器件展现了优异的性能,输出电流超过 4 mA,创下了单根碳纳米管的最高输出电流纪录。

第6章 展望

碳纳米管具有优异的电学性能,在新一代微型电子器件领域展现了巨大潜力。然而,其手性和带隙结构的多样性制约了其在电子器件中的优异性能。批量可控制备大面积、高半导体纯度、结构完美的超长碳纳米管是发挥碳纳米管在光电器件领域应用的关键。本书深入分析了超长碳纳米管的生长机理,揭示了定向进化策略对于液相催化生长的超长碳纳米管结构控制的关键作用。通过建立顶部生长传质双球模型,证明提高碳纳米管动力学速度和长度的关键在于缩小碳源分子在催化剂表面外扩散和毒化过程的活化能差异。以此作为理论指导,我们设计了具有窄径向高度和长预热区范围的新型微通道层流反应器,通过优化反应条件与自动化过程控制,实现了超长碳纳米管在 7 片 4 in 硅晶圆表面的大面积生长,最大碳纳米管长度达到 650 mm,并采用催化剂预沉积方法将碳纳米管阵列密度提高至 10 根/μm。分别统计晶圆表面金属性和半导体性碳纳米管的数量随长度的变化关系,发现金属性和半导体性碳纳米管均满足指数衰减的 Schulz-Flory 分布规律,但半导体性碳纳米管的半衰期长度是金属性碳纳米管的 10 倍,由此提出依靠优化碳纳米管长度实现高纯度半导体性碳纳米管自发纯化的技术路线,在碳纳米管长度达到 154 mm 处将半导体性碳纳米管纯度提高至 99.9999%,所构筑的晶体管器件开关比为 10^8,迁移率大于 4000 $cm^2/(V \cdot s)$,展现了高性能半导体特性。此外,基于新型反应器对流场扰动的敏感响应,发展了一系列碳纳米管原位操纵与组装的策略,利用声场辅助或磁控气流编织的方法原位卷绕分米级长度碳纳米管制备 0.1 mm^2 单色碳纳米管线团,所构筑的电学器件创下了单根碳纳米管的最高输出电流纪录 4 mA,从而为一维高长径比纳米线的操纵、分离与电子器件应用研究提供了一个全新的思路。

本书主要结论如下:

(1) 超长碳纳米管具有较窄的生长窗口,尤其是手性一致、宏观长度碳纳米管的制备,对生长条件的要求极为苛刻,需要有均匀稳定的气流场和温度场。传统管式反应器和管式炉加热设备具有恒温区短、基底切割气流等劣势,难以实现大面积手性一致碳纳米管的可控制备。为此,本书设计新型微通道层流反应器联合封闭式高温马弗炉搭建一套用于制备大面积超长碳纳米管的自动化反应装置。反应器独特的窄口径结构设计缩小了气流的径向脉动,极大程度上提高了气流场的均匀性和稳定性。而全封闭式的马弗炉加热设备为碳纳米管的生长营造了均匀稳定的温度场,隔绝了外界环境的干扰,使碳纳米管可以实现稳定的动力学生长。

(2)揭示了液相催化生长超长碳纳米管过程中催化剂界面与碳纳米管手性之间的随机匹配关系,从热力学角度说明了定向进化对于实现碳纳米管选择性制备的重要意义。同时,建立传质双球动力学模型,证明了提高碳纳米管动力学生长速率和长度的关键在于缩小外扩散和毒化过程活化能的差异。

(3)限制超长碳纳米管产量的关键因素在于催化剂失活和聚并结焦。为了维持碳纳米管的活性,本书通过催化剂预沉积的方式将催化剂预先负载于反应器中并在反应过程中逐步释放以维持催化剂活性。利用缓释催化剂反应器,在仅经过一次预沉积催化剂的前提下,实现了在基底表面重复40 次制备超长碳纳米管阵列,从而有效地提高了超长碳纳米管的密度至10 根/μm,碳纳米管最大长度达到 650 mm。

(4)通过拉曼测试和统计分析,证明金属性和半导体性碳纳米管的数量随长度均满足指数衰减的 Schulz-Flory 分布,但半导体性碳纳米管的半衰期长度是金属性碳纳米管的 10 倍,由此提出一种依靠优化碳纳米管长度实现高纯度半导体性碳纳米管的制备方法,在长度超过 154 mm 处将半导体性碳纳米管纯度提高至 99.9999%。

(5)针对高密度、高纯度碳纳米管材料的制备难题,我们提出一种通过原位卷绕单根单一手性、宏观长度超长碳纳米管的技术路线,成功实现了一种新型大面积碳纳米管线团材料的可控制备。单根分米级长度的超长碳纳米管原位卷绕而成的碳纳米管线团,其面积可达到 0.1 mm^2,密度达到50 节/μm,并且具有单一手性结构。

(6)发展了一种声场辅助原位缠绕超长碳纳米管制备碳纳米管线团的方法,提出了碳纳米管线团的声诱导涡形成机制,即平板泊肃叶流动的局部失稳,证明了线团的次级圆环直径、声波频率和生长气速之间满足斯特鲁哈尔数和费根鲍姆数的最小能量耗散模型,据此可实现碳纳米管线团尺寸的有效控制。

(7)发展了一种磁力气流编织的方法实现超长碳纳米管原位卷绕制备

碳纳米管线团。通过磁力作用从反应器外控制内部基底缓慢移动,由基底瞬时抖动造成的扰流诱导单根宏观长度碳纳米管原位卷绕成大面积碳纳米管线团。线团的面积可由基底移动方向和速度精准控制。

(8) 碳纳米管材料具有优异的电学性能,在未来碳基电子器件领域展现了巨大潜力。基于高纯度半导体性碳纳米管阵列构筑的晶体管器件开关比超过 10^8,迁移率大于 $4000\mathrm{cm}^2/(\mathrm{V \cdot s})$。基于单手性半导体性碳纳米管线团构筑的晶体管器件输出电流达到 4 mA,创下单根碳纳米管的最高输出电流记录。

本书的创新点如下:

(1) 提出液相催化制备碳纳米管的定向进化生长机制,建立碳纳米管动力学生长的传质双球模型,揭示缩小碳源分子在催化剂表面外扩散与毒化过程活化能差异对于提高碳纳米管长度具有的重要作用,据此设计具有窄径向高度的微通道层流反应器,实现了超长碳纳米管在 7 片 4 in 硅晶圆表面的大面积生长,并结合催化剂预沉积方法维持催化剂高活性,将碳纳米管长度提高至 650 mm,密度提高至 10 根/μm。

(2) 发现有缺陷的碳纳米管含量随碳纳米管长度增加逐渐衰减,证明了金属性和半导体性碳纳米管的数量随长度变化满足不同指数衰减速率的 Schulz-Flory 分布,采用拉曼光谱和同位素切换方法揭示了二者半衰期长度的差异源于带隙对催化剂活性和生长速率的调控,提出液相催化剂模板控制的自然选择结构定向进化机制,在碳纳米管长度超过 154 mm 后实现了具有窄带隙和直径分布的 99.9999% 半导体性碳纳米管的自发筛选与分离,半导体性碳纳米管的平均 TOF 达到 $1.5\times10^6\ \mathrm{s}^{-1}$,是当前工业催化反应速率的最高水平。

(3) 开发出两种超长碳纳米管的原位气相组装方法,实现了单根分米级长度碳纳米管原位卷绕制备平方毫米级单色碳纳米管线团,提出了碳纳米管线团在平板泊肃叶流动下的"声诱导涡"形成机制,证明了碳纳米管线团满足斯特鲁哈尔数和费根鲍姆数的最小能量耗散规律,基于碳纳米管线团所构筑的晶体管器件输出电流达到 4 mA,是目前单根碳纳米管的最高输出电流纪录。

本书对未来的展望如下:

(1) 晶圆级超长碳纳米管制备的工程放大实践

大面积超长碳纳米管的可控制备对于电学器件应用和集成具有重要意义,从小尺寸基底、4 in 晶圆、8 in 晶圆到更大面积基底表面碳纳米管的制备具有重要的化工过程传质扩散科学规律和工程放大价值。开发超长碳纳米管的规模化制备对于实现碳纳米管的宏量制备与规模化应用至关重要。

（2）高纯度、特定结构碳纳米管阵列集群的定向进化制备方法

通过优化反应器结构，精准控制催化反应过程中的热、动力学参数，实现超长碳纳米管在高催化活性条件下的选择性控制生长。分析金属性、半导体性乃至不同手性和带隙碳纳米管群体的生长动力学差异，实现优质碳纳米管阵列的传代生长，从而自动分离纯化出高纯度、特定结构的碳纳米管阵列集群。

（3）超长碳纳米管的力、电特性及其在柔性织物方向的应用研究

进一步挖掘超长碳纳米管在超强、超韧碳纤维应用方面的优势，同时研究分析双壁碳纳米管手性结构在高速电子传输过程中的层间耦合作用关系，从而构建基于超长碳纳米管网络的柔性织物，发展其在新一代柔性、可穿戴电子中的潜在应用。

参 考 文 献

[1] AHMED K,SCHUEGRAF K. Transistor wars[J]. IEEE Spectrum,2011,48: 50-66.

[2] SERVICE R F. Is silicon's reign nearing its end? [J]. Science,2009,323:1000-1002.

[3] THEIS T N,SOLOMON P M. It's time to reinvent the transistor! [J]. Science, 2010,327:1600-1601.

[4] WALDROP M M. More than moore[J]. Nature,2016,530:144-147.

[5] IIJIMA S. Helical microtubules of graphitic carbon[J]. Nature,1991,354:56-58.

[6] TANS S J,VERSCHUEREN A R M,DEKKER C. Room-temperature transistor based on a single carbon nanotube[J]. Nature,1998,393:49-52.

[7] COLLINS P G,ARNOLD M S,AVOURIS P. Engineering carbon nanotubes and nanotube circuits using electrical breakdown[J]. Science,2001,292:706.

[8] SHULAKER M M, HILLS G, PATIL N,et al. Carbon nanotube computer[J]. Nature,2013,501:526-530.

[9] ZHANG Z,WANG S, WANG Z, et al. Almost perfectly symmetric SWCNT-based CMOS devices and scaling[J]. ACS Nano,2009,3:3781-3787.

[10] PENG L,ZHANG Z,WANG S,et al. Carbon based nanoelectronics: Materials and devices[J]. Sci Sin Tech,2014,44:1071.

[11] CAO Q,TERSOFF J,FARMER D B,et al. Carbon nanotube transistors scaled to a 40-nanometer footprint[J]. Science,2017,356:1369-1372.

[12] SHARMA A, SINGH V, BOUGHER T L, et al. A carbon nanotube optical rectenna[J]. Nat Nanotechnol,2015,10:1027-1032.

[13] BAI Y,ZHANG R,YE X,et al. Carbon nanotube bundles with tensile strength over 80 GPa[J]. Nat Nanotechnol,2018,13:589-595.

[14] RAO R, PINT C L, ISLAM A E, et al. Carbon nanotubes and related nanomaterials: Critical advances and challenges for synthesis toward mainstream commercial applications[J]. ACS Nano,2018,12:11756-11784.

[15] BAUGHMAN R H,ZAKHIDOV A A,DE HEER W A. Carbon nanotubes-the route toward applications[J]. Science,2002,297:787.

[16] WHITE C,ROBERTSON D,MINTMIRE J. Energy gaps in "metallic" single-walled carbon nanotubes[J]. 1996,231-237.

[17] DESHPANDE V V,CHANDRA B,CALDWELL R,et al. Mott insulating state

in ultraclean carbon nanotubes[J]. Science,2009,323:106.

[18] DRESSELHAUS M S,DRESSELHAUS G,SAITO R,et al. Raman spectroscopy of carbon nanotubes[J]. Phys Rep,2005,409:47-99.

[19] JAVEY A,GUO J,WANG Q,et al. Ballistic carbon nanotube field-effect transistors[J]. Nature,2003,424:654.

[20] 彭练矛,张志勇,王胜,等. 碳基纳电子材料与器件[J]. 中国科学:技术科学,2014,44:1071-1086.

[21] CHEN W,CHENG H,AND HSU Y. Mechanical properties of carbon nanotubes using molecular dynamics simulations with the inlayer van der Waals interactions [J]. Computer Modeling in Engineering and Sciences,2007,20:123.

[22] BUONGIORNO NARDELLI M,FATTEBERT J L,ORLIKOWSKI D,et al. Mechanical properties,defects and electronic behavior of carbon nanotubes[J]. Carbon,2000,38:1703-1711.

[23] BERBER S,KWON Y-K,AND TOMÁNEK D. Unusually high thermal conductivity of carbon nanotubes[J]. Phys Rev Lett,2000,84:4613-4616.

[24] KORDÁS K,TÓTH G,MOILANEN P,et al. Chip cooling with integrated carbon nanotube microfin architectures[J]. Appl Phys Lett,2007,90:123105.

[25] WU Z,CHEN Z,DU X,et al. Transparent,conductive carbon nanotube films[J]. Science,2004,305:1273.

[26] CAO Q,ZHU Z-T,LEMAITRE M G,et al. Transparent flexible organic thin-film transistors that use printed single-walled carbon nanotube electrodes[J]. Appl Phys Lett,2006,88:113511.

[27] DE VOLDER M F L,TAWFICK S H,BAUGHMAN R H,et al. Carbon nanotubes: Present and future commercial applications[J]. Science,2013,339:535.

[28] WAGNER R S,ELLIS W C. Vapor-liquid-solid mechanism of single crystal growth[J]. Appl Phys Lett,1964,4:89-90.

[29] KHALILOV U,BOGAERTS A,NEYTS E C. Atomic scale simulation of carbon nanotube nucleation from hydrocarbon precursors[J]. Nat Commun,2015,6:10306.

[30] ELLIOTT J A,YASUSHI S,HAKIM A,et al. Atomistic modelling of CVD synthesis of carbon nanotubes and graphene[J]. ACS Nano,2013,5:6662-6676.

[31] LI J,LIU K,LIANG S,et al. Growth of high-density-aligned and semiconducting-enriched single-walled carbon nanotubes: Decoupling the conflict between density and selectivity[J]. ACS Nano,2014,8:554-562.

[32] HONG S W,BANKS T,ROGERS J A. Improved density in aligned arrays of single-walled carbon nanotubes by sequential chemical vapor deposition on quartz [J]. Adv Mat,2010,22:1826-1830.

[33] ZHOU W,DING L,YANG S,et al. Synthesis of high-density,large-diameter,

and aligned single-walled carbon nanotubes by multiple-cycle growth methods [J]. ACS Nano,2011,5:3849-3857.

[34] HE M, ZHANG S, WU Q, et al. Designing catalysts for chirality-selective synthesis of single-walled carbon nanotubes: Past success and future opportunity [J]. Adv Mat,2019,31:1800805.

[35] HE M,MAGNIN Y,AMARA H,et al. Linking growth mode to lengths of single-walled carbon nanotubes[J]. Carbon,2017,113:231-236.

[36] DIARRA M,ZAPPELLI A,AMARA H,et al. Importance of carbon solubility and wetting properties of nickel nanoparticles for single wall nanotube growth [J]. Phys Rev Lett,2012,109:185501.

[37] HUANG S,WOODSON M,SMALLEY R,et al. Growth mechanism of oriented long single walled carbon nanotubes using "fast-heating" chemical vapor deposition process[J]. Nano Lett,2004,4:1025-1028.

[38] DING L,YUAN D,LIU J. Growth of high-density parallel arrays of long single-walled carbon nanotubes on quartz substrates[J]. J Am Chem Soc,2008,130:5428-5429.

[39] ZHANG R,ZHANG Y, ZHANG Q,et al. Growth of half-meter long carbon nanotubes based on Schulz-Flory distribution[J]. ACS Nano,2013,7:6156-6161.

[40] WANG X,LI Q,XIE J,et al. Fabrication of ultralong and electrically uniform single-walled carbon nanotubes on clean substrates[J]. Nano Lett, 2009, 9:3137-3141.

[41] BRADY G J,WAY A J,SAFRON N S,et al. Quasi-ballistic carbon nanotube array transistors with current density exceeding Si and GaAs[J]. Sci Adv,2016,2.

[42] WEN Q, QIAN W, NIE J, et al. 100 mm long, semiconducting triple-walled carbon nanotubes[J]. Adv Mat,2010,22:1867-1871.

[43] EDWARDS B C. Design and deployment of a space elevator[J]. Acta Astronautica, 2000,47:735-744.

[44] DING L,TSELEV A,WANG J,et al. Selective growth of well-aligned semiconducting single-walled carbon nanotubes[J]. Nano Lett,2009,9:800-805.

[45] FRANKLIN A D. The road to carbon nanotube transistors[J]. Nature,2013,498:443.

[46] HU Y,KANG L,ZHAO Q,et al. Growth of high-density horizontally aligned SWNT arrays using Trojan catalysts[J]. Nat Commun,2015,6:6099.

[47] LIU B,LIU J, LI H-B, et al. Nearly exclusive growth of small diameter semiconducting single-wall carbon nanotubes from organic chemistry synthetic end-cap molecules[J]. Nano Lett,2015,15:586-595.

[48] KANG L,HU Y,LIU L,et al. Growth of close-packed semiconducting single-walled carbon nanotube arrays using oxygen-deficient TiO_2 nanoparticles as

catalysts[J]. Nano Lett,2015,15:403-409.

[49] WANG J,LIU P,XIA B, et al. Observation of charge generation and transfer during CVD growth of carbon nanotubes[J]. Nano Lett,2016,16:4102-4109.

[50] WANG J,JIN X, LIU Z, et al. Growing highly pure semiconducting carbon nanotubes by electrotwisting the helicity[J]. Nat Catal,2018,1:326-331.

[51] HONG G,ZHOU M, ZHANG R, et al. Separation of metallic and semiconducting single-walled carbon nanotube arrays by "scotch tape"[J]. Small, 2011, 50: 6819-6823.

[52] HU Y,CHEN Y,LI P, et al. Sorting out semiconducting single-walled carbon nanotube arrays by washing off metallic tubes using SDS aqueous solution[J]. Small,2013,9:1305.

[53] YANG F,WANG X,ZHANG D,et al. Chirality-specific growth of single-walled carbon nanotubes on solid alloy catalysts[J]. Nature,2014,510:522-524.

[54] ZHANG S,KANG L,WANG X,et al. Arrays of horizontal carbon nanotubes of controlled chirality grown using designed catalysts [J]. Nature, 2017, 543: 234-238.

[55] HE M, ZHANG S, WU Q, et al. Designing catalysts for chirality-selective synthesis of single-walled carbon nanotubes: Past success and future opportunity [J]. Adv Mat,2019,31:1800805.

[56] YAO Y,FENG C,ZHANG J,et al. "Cloning" of single-walled carbon nanotubes via open-end growth mechanism[J]. Nano Lett,2009,9:1673-1677.

[57] LIU J,WANG C,TU X,et al. Chirality-controlled synthesis of single-wall carbon nanotubes using vapour-phase epitaxy[J]. Nat Commun,2012,3:1199.

[58] SFEIR M Y,BEETZ T, WANG F, et al. Optical spectroscopy of individual single-walled carbon nanotubes of defined chiral structure[J]. Science,2006,312: 554-556.

[59] SFEIR M Y, WANG F, HUANG L, et al. Probing electronic transitions in individual carbon nanotubes by Rayleigh scattering [J]. Science, 2004, 306: 1540-1543.

[60] LIU K, DESLIPPE J, XIAO F, et al. An atlas of carbon nanotube optical transitions[J]. Nat Nanotechnol,2012,7:325-329.

[61] LIU K, HONG X, ZHOU Q, et al. High-throughput optical imaging and spectroscopy of individual carbon nanotubes in devices[J]. Nat Nanotechnol, 2013,8:917-922.

[62] WU W,YUE J,LIN X,et al. True-color real-time imaging and spectroscopy of carbon nanotubes on substrates using enhanced Rayleigh scattering[J]. Nano Res,2015,8:2721-2732.

[63] BROWN S D M,JORIO A,CORIO P,et al. Origin of the Breit-Wigner-Fano

lineshape of the tangential G-band feature of metallic carbon nanotubes[J]. Phys Rev B,2001,63:155414.

[64] HASDEO E H,NUGRAHA A R T,SATO K,et al. Electronic Raman scattering and the Fano resonance in metallic carbon nanotubes[J]. Phys Rev B, 2013, 88:115107.

[65] CORLETTO A,YU L,SHEARER C J,et al. Direct-patterning SWCNTs using dip pen nanolithography for SWCNT/silicon solar cells [J]. Small, 2018, 14:1800247.

[66] LEE J-H,NAJEEB C K, NAM G-H,et al. Large-scale direct patterning of aligned single-walled carbon nanotube arrays using dip-pen nanolithography[J]. Chem Mat,2016,28:6471-6476.

[67] KO H AND TSUKRUK V V. Liquid-crystalline processing of highly oriented carbon nanotube arrays for thin-film transistors [J]. Nano Lett, 2006, 6: 1443-1448.

[68] TUNE D D,BLANCH A J,SHEARER C J,et al. Aligned carbon nanotube thin films from liquid crystal polyelectrolyte inks[J]. ACS Appl Mat & Inter,2015, 7:25857-25864.

[69] CAO Q,HAN S-J,TULEVSKI G S,et al. Arrays of single-walled carbon nanotubes with full surface coverage for high-performance electronics[J]. Nat Nanotechnol,2013,8:180-186.

[70] JOO Y,BRADY G J,ARNOLD M S,et al. Dose-controlled,floating evaporative self-assembly and alignment of semiconducting carbon nanotubes from organic solvents[J]. Langmuir,2014,30:3460-3466.

[71] HUANG S,CAI X,LIU J. Growth of millimeter-long and horizontally aligned single-walled carbon nanotubes on flat substrates[J]. J Am Chem Soc,2003,125: 5636-5637.

[72] LIU Y,HONG J,ZHANG Y,et al. Flexible orientation control of ultralong single-walled carbon nanotubes by gas flow [J]. Nanotechnology, 2009, 20:185601.

[73] ZHANG Z, LIANG X, WANG S, et al. Doping-free fabrication of carbon nanotube based ballistic CMOS devices and circuits[J]. Nano Lett,2007,7:3603-3607.

[74] JIAO L,XIAN X,WU Z,et al. Selective positioning and integration of individual single-walled carbon nanotubes[J]. Nano Lett,2009,9:205-209.

[75] FRANKLIN A D,CHEN Z. Length scaling of carbon nanotube transistors[J]. Nat Nanotechnol,2010,5:858-862.

[76] FRANKLIN A D,LUISIER M, HAN S-J,et al. Sub-10 nm carbon nanotube transistor[J]. Nano Lett,2012,12:758-762.

[77] FRANKLIN A D,KOSWATTA S O,FARMER D B,et al. Carbon nanotube complementary wrap-gate transistors[J]. Nano Lett,2013,13:2490-2495.

[78] TULEVSKI G S,FRANKLIN A D,FRANK D,et al. Toward high-performance digital logic technology with carbon nanotubes [J]. ACS Nano, 2014, 8: 8730-8745.

[79] CAO Q,HAN S-J,TULEVSKI G S. Fringing-field dielectrophoretic assembly of ultrahigh-density semiconducting nanotube arrays with a self-limited pitch[J]. Nat Commun,2014,5:5071.

[80] ZHANG Q,HUANG J-Q,QIAN W-Z,et al. The road for nanomaterials industry: A review of carbon nanotube production,post-treatment,and bulk applications for composites and energy storage[J]. Small,2013,9:1237-1265.

[81] ZHANG R, ZHANG Y, WEI F. Controlled synthesis of ultralong carbon nanotubes with perfect structures and extraordinary properties[J]. Acc Chem Res,2017,50:179-189.

[82] XIE H,ZHANG R,ZHANG Y,et al. Growth of high-density parallel arrays of ultralong carbon nanotubes with catalysts pinned by silica nanospheres [J]. Carbon,2013,52:535-540.

[83] KANG L,ZHANG S,LI Q,et al. Growth of horizontal semiconducting SWNTs arrays with density higher than 100 tubes/μm using ethanol/methane chemical vapor deposition[J]. J Am Chem Soc,2016,138:6727-6730.

[84] ZHANG F, HOU P-X, LIU C, et al. Growth of semiconducting single-wall carbon nanotubes with a narrow band-gap distribution[J]. Nat Commun,2016,7: 11160.

[85] WEN Q,ZHANG R,QIAN W,et al. Growing 20 cm long DWNTs/TWNTs at a rapid growth rate of 80~90 μm/s[J]. Chem Mat,2010,22:1294-1296.

[86] LI Y,CUI R,DING L,et al. How catalysts affect the growth of single-walled carbon nanotubes on substrates[J]. Adv Mat,2010,22:1508-1515.

[87] DING F, HARUTYUNYAN A R, YAKOBSON B I. Dislocation theory of chirality-controlled nanotube growth [J]. Proc Nat Acad Sci USA, 2009, 106:2506.

[88] VELDHUIS M P,BERG M P,LOREAU M,et al. Ecological autocatalysis: a central principle in ecosystem organization? [J]. Ecol Monogr, 2018, 88: 304-319.

[89] BISSETTE A J,FLETCHER S P. Mechanisms of autocatalysis[J]. Angew. Chem. Int. Ed. ,2013,52:12800-12826.

[90] SALAM A. The role of chirality in the origin of life[J]. J Mol Evol,1991,33: 105-113.

[91] VASAS V,FERNANDO C,SANTOS M,et al. Evolution before genes[J]. Biolo

Direct,2012,7:1.

[92] BUTLER K T,DAVIES D W,CARTWRIGHT H,et al. Machine learning for molecular and materials science[J]. Nature,2018,559:547-555.

[93] COBB R E,CHAO R,ZHAO H. Directed evolution: Past,present,and future [J]. AICHE J,2013,59:1432-1440.

[94] BLOOM J D,ARNOLD F H. In the light of directed evolution: Pathways of adaptive protein evolution[J]. Proc Nat Acad Sci USA,2009,106:9995.

[95] MAY O,NGUYEN P T,ARNOLD F H. Inverting enantioselectivity by directed evolution of hydantoinase for improved production of l-methionine [J]. Nat Biotechnol,2000,18:317-320.

[96] SCHMIDT-DANNERT C,UMENO D,ARNOLD F H. Molecular breeding of carotenoid biosynthetic pathways[J]. Nat Biotechnol,2000,18:750-753.

[97] ENGQVIST M K M, RABE K S. Applications of protein engineering and directed evolution in plant research[J]. Plant Phys,2019,179:907-917.

[98] MAGNIN Y,AMARA H,DUCASTELLE F,et al. Entropy-driven stability of chiral single-walled carbon nanotubes[J]. Science,2018,362:212.

[99] ZHU Z,WEI N,XIE H,et al. Acoustic-assisted assembly of an individual monochromatic ultralong carbon nanotube for high on-current transistors[J]. Sci Adv,2016,2.

[100] PURETZKY A A,GEOHEGAN D B,JESSE S,et al. In situ measurements and modeling of carbon nanotube array growth kinetics during chemical vapor deposition[J]. Appl Phys A,2005,81:223-240.

[101] PENG B,YAO Y,ZHANG J. Effect of the Reynolds and Richardson numbers on the growth of well-aligned ultralong single-walled carbon nanotubes[J]. J Phys Chem C,2010,114:12960-12965.

[102] WANG J,LI T,XIA B,et al. Vapor-condensation-assisted optical microscopy for ultralong carbon nanotubes and other nanostructures[J]. Nano Lett,2014, 14:3527-3533.

[103] ZHANG R, XIE H, ZHANG Y, et al. The reason for the low density of horizontally aligned ultralong carbon nanotube arrays[J]. Carbon,2013,52:232-238.

[104] XIE H,ZHANG R,ZHANG Y,et al. Preloading catalysts in the reactor for repeated growth of horizontally aligned carbon nanotube arrays[J]. Carbon, 2016,98:157-161.

[105] APPENZELLER J. Carbon nanotubes for high-performance electronics-progress and prospect[J]. Proc IEEE,2008,96:201-211.

[106] AVOURIS P,CHEN Z,PEREBEINOS V. Carbon-based electronics[J]. Nat Nanotechnol,2007,2:605.

[107] CHARLIER J C. Defects in carbon nanotubes[J]. Acc Chem Res,2002,35: 1063-1069.

[108] LIU K,WANG W,WU M, et al. Intrinsic radial breathing oscillation in suspended single-walled carbon nanotubes[J]. Phys Rev B,2011,83:113404.

[109] ZHANG Y,ZHANG J,SON H, et al. Substrate-induced Raman frequency variation for single-walled carbon nanotubes[J]. J Am Chem Soc,2005,127: 17156-17157.

[110] NGUYEN K T,GAUR A,SHIM M. Fano Lineshape and phonon softening in single isolated metallic carbon nanotubes[J]. Phys Rev Lett,2007,98:145504.

[111] PAILLET M,MICHEL T,ZAHAB A, et al. Probing the structure of single-walled carbon nanotubes by resonant Raman scattering[J]. Science,2010,247: 2762-2767.

[112] ZHANG D,YANG J,HASDEO E H,et al. Multiple electronic Raman scatterings in a single metallic carbon nanotube[J]. Phys Rev B,2016,93:245428.

[113] LIU K,HONG X,WU M,et al. Quantum-coupled radial-breathing oscillations in double-walled carbon nanotubes[J]. Nat Commun,2013,4:1375.

[114] HASHIMOTO A,SUENAGA K,URITA K,et al. Atomic correlation between adjacent graphene layers in double-wall carbon nanotubes[J]. Phys Rev Lett, 2005,94:045504.

[115] BLACKBURN J L,ENGTRAKUL C,MCDONALD T J,et al. Effects of surfactant and Boron doping on the BWF feature in the Raman spectrum of single-wall carbon nanotube aqueous dispersions[J]. J Phys Chem B,2006,110: 25551-25558.

[116] DUQUE J G,TELG H,CHEN H, et al. Quantum interference between the third and fourth exciton states in semiconducting carbon nanotubes using resonance raman spectroscopy[J]. Phys Rev Lett,2012,108:117404.

[117] LIU K,JIN C,HONG X, et al. Van der Waals-coupled electronic states in incommensurate double-walled carbon nanotubes [J]. Nat Phys, 2014, 10: 737-742.

[118] LEVSHOV D I,TRAN H N,PAILLET M,et al. Accurate determination of the chiral indices of individual carbon nanotubes by combining electron diffraction and Resonant Raman spectroscopy[J]. Carbon,2017,114:141-159.

[119] ARTYUKHOV V I,PENEV E S, YAKOBSON B I. Why nanotubes grow chiral[J]. Nat Commun,2014,5:4892.

[120] LIU L,FAN S. Isotope labeling of carbon nanotubes and formation of ^{12}C-^{13}C nanotube junctions[J]. J Am Chem Soc,2001,123:11502-11503.

[121] MIYAUCHI Y,MARUYAMA S. Identification of an excitonic phonon sideband by photoluminescence spectroscopy of single-walled carbon-13 nanotubes[J].

Phys Rev B,2006,74:035415.

[122] 温倩. 全同手性超长碳纳米管的结构调控制备[D]. 北京:清华大学,2010.

[123] DUMLICH H,REICH S. Chirality-dependent growth rate of carbon nanotubes: A theoretical study[J]. Phys Rev B,2010,82:085421.

[124] LOGADOTTIR A,ROD T H, NØRSKOV J K, et al. The Brønsted-Evans-Polanyi relation and the volcano plot for ammonia synthesis over transition metal catalysts[J]. J Catal,2001,197:229-231.

[125] ARDAGH M A, ABDELRAHMAN O, DAUENHAUER P J. Principles of dynamic heterogeneous catalysis: Surface resonance and turnover frequency response[J]. ACS Catal,2019.

[126] DING F,LARSSON P,LARSSON J A,et al. The Importance of strong carbon-metal adhesion for catalytic nucleation of single-walled carbon nanotubes[J]. Nano Lett,2008,8:463-468.

[127] CHE Y,CHEN H, GUI H, et al. Review of carbon nanotube nanoelectronics and macroelectronics[J]. Semi Sci Tech,2014,29:073001.

[128] LIU X,LONG Y-Z, LIAO L, et al. Large-scale integration of semiconductor nanowires for high-performance flexible electronics[J]. ACS Nano, 2012, 6: 1888-1900.

[129] ARAVIND V,FRANK H, NINETTE S,et al. Toward single-chirality carbon nanotube device arrays[J]. ACS Nano,2010,4:2748.

[130] HU Y,KANG L X, ZHAO Q C, et al. Growth of high-density horizontally aligned SWNT arrays using Trojan catalysts[J]. Nat Commun,2015,6.

[131] ZHANG F,HOU P-X, LIU C, et al. Growth of semiconducting single-wall carbon nanotubes with a narrow band-gap distribution[J]. Nat Commun, 2016,7.

[132] GEBLINGER N,ISMACH A,JOSELEVICH E. Self-organized nanotube serpentines [J]. Nat Nanotechnol,2008,3:195-200.

[133] ZHANG R,ZHANG Y, ZHANG Q, et al. Optical visualization of individual ultralong carbon nanotubes by chemical vapour deposition of titanium dioxide nanoparticles[J]. Nat Commun,2013,4:1727.

[134] LI Z,WANG H J P R L. Gas-nanoparticle scattering: A molecular view of momentum accommodation function[J]. Phys Rev Lett,2005,95:014502.

[135] WONG R Y,LIU C,WANG J,et al. Evaluation of the drag force on single-walled carbon nanotubes in rarefied gases[J]. J Nanosci Nanotechnol,2012,12: 2311-2319.

[136] GEBLINGER N,ISMACH A,JOSELEVICH E. Self-organized nanotube serpentines [J]. Nat Nanotechnol,2008,3:195-200.

[137] YAO Y, DAI X, FENG C, et al. Crinkling ultralong carbon nanotubes into

serpentines by a controlled landing process[J]. Adv Mat,2009,21:4158-4162.

[138] SHADMI N,KREMEN A,FRENKEL Y,et al. Defect-free carbon nanotube coils[J]. Nano Lett,2015.

[139] NISHIOKA M,ASAI M J J O F M. Some observations of the subcritical transition in plane Poiseuille flow[J]. J. Fluid Mech,1985,150:441-450.

[140] BURESTI G J M. Notes on the role of viscosity,vorticity and dissipation in incompressible flows[J]. Meccanica,2009,44:469.

[141] GAD-EL-HAK M. The fluid mechanics of microdevices—the Freeman scholar lecture[J]. J Fluid Eng,1999.

[142] CHEN C S,LEE S M,SHEU J D. Numerical analysis of gas flow in microchannels [J]. Numerical Heat Transfer,Part A: Applications,1998,33:749-762.

[143] BURESTI G. Notes on the role of viscosity,vorticity and dissipation in incompressible flows[J]. Meccanica,2009,44:469-487.

[144] WU J Z,MA H Y,ZHOU M D. Introduction to vorticity and vortex dynamics [M]. Springer Berlin,2015.

[145] ZHANG J,CHILDRESS S, LIBCHABER A,et al. Flexible filaments in a flowing soap film as a model for one-dimensional flags in a two-dimensional wind[J]. Nature,2000,408:835-839.

[146] LIAO J C,BEAL D N,LAUDER G V,et al. The Karman gait: novel body kinematics of rainbow trout swimming in a vortex street[J]. J Exp Biol,2003, 206:1059-1073.

[147] TAYLOR G K,NUDDS R L,THOMAS A L R. Flying and swimming animals cruise at a Strouhal number tuned for high power efficiency[J]. Nature,2003, 425:707-711.

[148] TRIANTAFYLLOU M S,TRIANTAFYLLOU G S,YUE D K P. Hydrodynamics of fishlike swimming[J]. Annu Rev Fluid Mech,2000,32:33-53.

[149] TIAN Y,JIANG H, LAIHO P,et al. Validity of measuring metallic and semiconducting single-walled carbon nanotube fractions by quantitative Raman spectroscopy[J]. Analy Chem,2018,90:2517-2525.

[150] CAO Q,HAN S J,TULEVSKI G S,et al. Arrays of single-walled carbon nanotubes with full surface coverage for high-performance electronics[J]. Nat Nanotechnol,2013,8:180-186.

[151] BRADY G J,JOO Y,SINGHA ROY S,et al. High performance transistors via aligned polyfluorene-sorted carbon nanotubes [J]. Appl Phys Lett, 2014, 104:083107.

[152] NING Z,CHEN Q, WEI J, et al. Directly correlating the strain-induced electronic property change to the chirality of individual single-walled and few-walled carbon nanotubes[J]. Nanoscale,2015,7:13116-13124.